ISSN 0021-1915

15. JAHRGANG · SEITEN 369—404 · BERLIN DEZEMBER 1979

IPRAX 15 15 (12) 396—404 (1979) 32036

12

isotopenpraxis

EVP 9,— M

AKADEMIE-VERLAG

ISOTOPENPRAXIS

herausgegeben von J. Mühlenpfordt, Berlin · C. F. Weiss, Leipzig

An unsere Autoren

Die Zeitschrift veröffentlicht Beiträge zu folgenden Themen: Kontrolle und Analyse radioaktiver und stabiler Isotope, Anwendung radioaktiver und stabiler Isotope in allen Gebieten der Forschung und Technik, der Industrie, Landwirtschaft und Medizin, Herstellung radioaktiver und stabiler Isotope sowie von markierten Verbindungen, kernelektronische Geräte für die Isotopenanwendung (Dickenmesser, Dichtemesser u. ä.) Detektoren für isotopentechnische Arbeiten und den Strahlenschutz in Isotopenlaboratorien, Meßtechnik und Strahlenschutz, Dosimetrie in Isotopenlaboratorien, kerntechnische Geräte für die Isotopenanwendung (Betron, Bestrahlungsanlagen u. ä.), Strahlenchemie, Radiochemie, ökonomische und perspektivische Fragen, Fragen der Weiterbildung.

1. Aufnahme von Manuskripten

Zur Veröffentlichung angenommen werden nur druckreife, noch nicht anderweitig publizierte Beiträge in deutscher, englischer oder russischer Sprache zum Themenbereich der Zeitschrift und zwar

Originalarbeiten
Kurze Originalmitteilungen
Aus der Praxis
Zusammenfassende Berichte
Tagungsberichte
Informationen.

Sind der Beitrag oder Teile daraus bereits veröffentlicht oder ist eine anderweitige Veröffentlichung vorgesehen, so muß dies der Redaktion mit genauer Angabe der Zweitveröffentlichung mitgeteilt werden. Mit der Annahme des Manuskriptes behält sich der Verlag das Recht der Vervielfältigung, Verbreitung und Übersetzung innerhalb der gesetzlichen Schutzfrist vor. Auszugsweiser Nachdruck oder photomechanische u. a. Wiedergabe sind an eine schriftliche Genehmigung des Verlages gebunden. Manuskripte, Zeichnungen und Photos von veröffentlichten Arbeiten werden nur auf den besonderen und bis zum Zeitpunkt der Veröffentlichung mitgeteilten Wunsch des Autors zurückgesandt.
Bei der unverlangten Einreichung von Manuskripten wird empfohlen, eine Befürwortung eines der Herausgeber oder Redaktionsausschußmitglieder beizufügen. Manuskripte sind einzureichen bei der Redaktion, 108 Berlin, Leipziger Str. 3–4

2. Form der Manuskript

Die Autoren werden gebeten:
2 Manuskripte, eines davon in Original-Maschinenschrift, einseitig und mit 2zeiligem Abstand einzureichen; gut leserliche Photokopien sind zulässig; auf dem 1. Blatt (unter Weglassung der Bezeichnung)
den Titel der Arbeit
Vorname-Initialen und Namen sämtlicher Autoren
gegebenenfalls die Institution, in der sie tätig sind
eine kurze Zusammenfassung der Arbeit von höchstens 15 Zeilen
Keywords in alphabetischer Reihenfolge und
als Fußnote die Anschrift der Institution anzugeben;
wenn möglich auf gesonderten Blättern, Namen Titel der Arbeit und Zusammenfassung in den beiden anderen obengenannten Sprachen 2fach beizufügen;
Literaturhinweise (fortlaufend numeriert), Fußnoten, Tabellen, Abbildungen (in etwa 2facher Veröffentlichungsgröße), Abbildungsunterschriften (getrennt von den Abbildungen, mit Zeichenerklärungen, Quellenangaben, falls erforderlich, und gegebenenfalls mit einem Vermerk für besondere Wünsche bezüglich der Abbildungsgröße), private und Dienstanschrift der Verfasser mit akademischen Titeln und ausgeschriebenen Vornamen auf besonderen Blättern aus Ende des Manuskriptes zu stellen;

Wünsche für den Kolumnentitel (Seitenüberschrift) bekanntzugeben;
Absätze durch Einzüge von mindestens 3 Anschlägen kenntlich zu machen;
die Maßeinheiten des SI-Systems ("Systéme International") zu verwenden;
Korrekturen im Manuskript unmittelbar an der zu korrigierenden Stelle anzubringen;
Formeln deutlich lesbar und möglichst groß einzutragen;
Farbabbildungen und nachträgliche Änderungen oder Ergänzungen in Abbildungen zu vermeiden;
hervorzuhebende Textstellen zu unterstreichen, und zwar halbfetten Satz mit einer geraden schwarzen Linie, kursiven Satz (Schrägschrift) mit einer blauen Wellenlinie (alle Eigennamen), Sperrungen gestrichelt;
besondere Buchstaben durch farbige Unterstreichung zu kennzeichnen, und zwar Formelzeichen in

Griechisch-Kursiv (α, β, ...) rot,
Kursiv (A, B, ...) blau
halbfetter Kursiv ($\boldsymbol{A}$, $\boldsymbol{B}$, ...) 2 Linien blau (Vektoren),
halbfetter Grotesk (**A**, **B**, ...)2 Linien violett (Tensoren);

bei Literaturangaben auf Vollständigkeit zu achten. In nachstehender Reihenfolge müssen angegeben sein:

a) bei *Zeitschriften*: Vorname-Initialen und Namen sämtlicher Autoren, Titel der Zeitschrift (nach „Periodica Chimica" oder möglichst wenig gekürzt), Bandnummer (unterstrichen), Jahreszahl (in Klammern), Heftnummer (nur bei Zeitschriften, die jedes Heft mit S. 1 beginnen) sowie die Seitenzahl, auf der die zitierte Arbeit beginnt.

b) bei *Büchern*: Initialen der Vornamen und Name des Autors (Herausgeber werden durch den Zusatz „ed." gekennzeichnet), voll ausgeschriebener Titel des Buches in der Originalsprache, evtl. Bandnummer, voll ausgeschriebener Name des Verlages, Nummer der Auflage (außer der ersten), Erscheinungsort(e), Erscheinungsjahr (hier nicht in Klammern setzen!) und evtl. Kapitelnummer, Seitenzahl u. ä.

c) bei *Sammelbänden, Tagungsberichten*: Es soll zusätzlich der Titel des zitierten Beitrags angegeben werden. Die Seitenzahl muß unbedingt angegeben werden. Aus dem Zitat muß hervorgehen, ob es sich um einen Tagungssammelband oder um einen noch nicht veröffentlichten Vortrag handelt. Zwischen Tagungsort und Erscheinungsort des entsprechenden Tagungsberichts ist zu unterscheiden.

3. Korrekturen

Der Autor erhält zwei Umbruchabzüge, von denen einer möglichst schnell korrigiert an die Redaktion zurückgereicht werden soll. Auf Wunsch des Autors kann die Korrektur auch von der Redaktion gelesen werden.
Durch nachträgliche Manuskriptänderungen verursachte Korrekturkosten gehen, sofern sie 10% der Satzkosten übersteigen zu Lasten des Autors.
Der Autor erhält 50 Sonderdrucke kostenlos. Weitere Sonderdrucke können bis zur Rückgabe der Korrekturabzüge auf Kosten des Autors bei der Redaktion bestellt werden.

Bezugsmöglichkeiten

Bestellungen sind zu richten

- **in der DDR** an den Postzeitungsvertrieb; an eine Buchhandlung oder an den AKADEMIE-VERLAG, DDR-108 Berlin, Leipziger Str. 3–4
- **im sozialistischen Ausland** an eine Buchhandlung für fremdsprachige Literatur oder an den zuständigen Postzeitungsvertrieb
- **in der BRD und Westberlin** an eine Buchhandlung oder an die Auslieferungsstelle KUNST UND WISSEN, Erich Bieber, 7 Stuttgart 1, Wilhelmstr. 4–6
- **in Österreich** an den Globus-Buchvertrieb, 1201 Wien, Höchstädtplatz 3
- **in den übrigen westeuropäischen Ländern** an eine Buchhandlung oder an die Auslieferungsstelle KUNST UND WISSEN, Erich Bieber GmbH, Ch-8008 Zürich/Schweiz, Dufourstraße 51
- **im übrigen Ausland** an den Internationalen Buch- und Zeitschriftenhandel; den Buchexport, Volkseigener Außenhandelsbetrieb der Deutschen Demokratischen Republik, DDR-701 Leipzig, Postfach 160, oder an den AKADEMIE-VERLAG, DDR-108 Berlin, Leipziger Str. 3–4.

Zeitschrift „Isotopenpraxis"

Herausgeber: Im Auftrag des Akademie-Verlages herausgegeben von Prof. Dr. Justus Mühlenpfordt und Prof. Dr. Carl Friedrich Weiss

Verlag: Akademie-Verlag, DDR-108 Berlin, Leipziger Straße 3–4; Fernruf 2236221 oder 2236229; Telex-Nr. 114420;

Bank: Staatsbank der DDR, Berlin, Kto.-Nr.: 6836-26-20712

Chefredakteur: Dr. Klaus Uhlig, Berlin

Anschrift der Redaktion (Fernruf: 6351177) der Zeitschrift Isotopenpraxis: Akademie-Verlag, DDR-108 Berlin, Leipziger Str. 3–4

Veröffentlicht unter der Lizenznummer 1527 des Presseamtes beim Vorsitzenden des Ministerrates der Deutschen Demokratischen Republik

Gesamtherstellung: VEB Druckerei „Thomas Müntzer", DDR-582 Bad Langensalza

Erscheinungsweise: Die Zeitschrift „Isotopenpraxis" erscheint monatlich. Die 12 Hefte eines Jahrganges bilden einen Band. Bezugspreis je Band 144,– M zuzüglich Versandspesen (Preis für die DDR 108,– M), Preis je Heft 12,– (Preis für die DDR 9,– M)

Bestellnummer dieses Heftes: 1079/15/12

AN (EDV) 12831

ISOTOPENPRAXIS ISSN 0021-1915

Band 15 (1979) Heft 12, S. 369–404

Redaktion und Verlag: Akademie-Verlag, Redaktion Isotopenpraxis, 108 Berlin, Leipziger Straße 3–4

Inhaltsverzeichnis

ISOTOPENPRAXIS

Band **15** (1979) Heft 12, S. 369–404

Redaktion und Verlag: Akademie-Verlag, Redaktion Isotopenpraxis, 108 Berlin, Leipziger Straße 3–4

Contents

Содержание

XXX Jahre RGW

Das Atom für den Frieden in den Ländern des Sozialismus*)

A. F. Panasenkow

Leiter der Abteilung für die friedliche Anwendung der Atomenergie des RGW-Sekretariats, Moskau

(F61) INIS DESCRIPTORS:

COMECON; coordinated research programs; Dubna; isotope production; nuclear energy; nuclear engineering; nuclear facilities; nuclear physics; planning; radiation protection; reviews; WWER type reactors

Im Jahre 1979 begeht der Rat für Gegenseitige Wirtschaftshilfe (RGW) — die erste internationale wirtschaftliche und wissenschaftlich-technische Organisation der sozialistischen Länder in der Welt — den 30. Jahrestag seines Bestehens.

Im Januar 1949 fand in Moskau eine Beratung von Vertretern Bulgariens, Ungarns, Polens, Rumäniens, der Sowjetunion und der Tschechoslowakei statt. Die Teilnehmer der Beratung sahen es als notwendig an, zur Organisierung einer breiteren ökonomischen Zusammenarbeit einen Rat für Gegenseitige Wirtschaftshilfe zu schaffen. Im April des gleichen Jahres trat der RGW zu seiner ersten Tagung zusammen. Damit nahm die praktische Tätigkeit dieser Organisation ihren Anfang. Derzeit sind 10 sozialistische Staaten Mitglieder des RGW: Bulgarien, Ungarn, Vietnam (seit 1978), DDR (seit 1950), Kuba (seit 1972) die Mongolei (seit 1962), Polen, Rumänien, die Sowjetunion und die Tschechoslowakei. Die Beziehungen zwischen den RGW-Mitgliedsländern mit einer Bevölkerung von 637 Millionen Menschen beruhen auf den Prinzipien des sozialistischen Internationalismus, der vollen Gleichberechtigung, des gegenseitigen Vorteils und der freundschaftlichen Unterstützung. Im Lauf von drei Jahrzehnten erzielten die Länder der sozialistischen Gemeinschaft beeindruckende Erfolge bei der Entwicklung der Wirtschaft und bei der gemeinsamen Lösung gewichtiger Probleme des wissenschaftlich-technischen Fortschritts. Ihr Nationaleinkommen erhöhte sich im Jahre 1978 im Vergleich zu 1949 auf das 10fache, die Industrieproduktion stieg auf das 17fache. Bei einem Anteil von 18,7% des Territoriums und einem Bevölkerungsanteil von 10,4% erzeugen die RGW-Mitgliedsländer gegenwärtig rund ein Drittel der industriellen Produktion in der Welt, darunter über 21% bei Elektroenergie, 19% des Erdöls, 27% bei Erdgas und 30% bei Stahl. Unter Teilnahme von mehr als 3000 Forschungs- und Entwicklungseinrichtungen wurden über 14000 theoretische und angewandte Aufgaben mit vereinten Kräften gelöst; viele der erzielten Ergebnisse fanden Anwendung in der Praxis und erbrachten großen ökonomischen Nutzen.

1979 wird auch der 25. Jahrestag der friedlichen Nutzung der Atomenergie (Inbetriebnahme des ersten Kernkraftwerks der Welt in Obninsk) und des Beginns der Errichtung nationaler Forschungszentren in den RGW-Mitgliedsländern begangen. Der Aufbau solcher Zentren mit technischer Hilfe der Sowjetunion ermöglichte es ihnen, in relativ kurzer Zeit mit Arbeiten auf dem Gebiet der Kernforschung zu beginnen und wissenschaftliche Kader auszubilden. So wurden bereits in den Jahren 1957—1958 Forschungsreaktoren in Rumänien, der Tschechoslowakei, der DDR und Polen und in den folgenden Jahren in Ungarn und Bulgarien errichtet und in Betrieb genommen. Diese Zentren verfügen auch über andere moderne experimentelle Ausrüstungen: Beschleuniger für geladene Teilchen sowie Vorrichtungen, Geräte und Apparaturen zur Durchführung kernphysikalischer und radiochemischer Forschungsarbeiten. In sowjetischen Instituten wurden die für diese Zwecke erforderlichen Kader — Physiker, Chemiker, Energetiker — ausgebildet.

Die Schaffung einer eigenen wissenschaftlichen Basis in den sozialistischen Ländern erforderte den Austausch wissenschaftlich-technischer Ergebnisse, die Erweiterung der Beziehungen, die Koordinierung und Kooperation wissenschaftlicher Entwicklungsarbeiten auf mehrseitiger Grundlage. Der erste wesentliche Schritt bei der Organisierung der mehrseitigen Zusammenarbeit war die Schaffung des Vereinigten Instituts für Kernforschung in Dubna im Jahre 1956. Heute sind die bedeutenden Ergebnisse experimenteller und theoretischer Forschungsarbeiten dieses internationalen Kollektivs von Wissenschaftlern, insbesondere auf dem Gebiet der Elementarteilchenphysik, der Kern- und Neutronenphysik, der Biophysik und der Festkörperphysik, in aller Welt bekannt. Im Jahre 1976 wurde das Institut für seine Erfolge bei der Entwicklung der Grundlagenforschung und im Zusammenhang mit seinem 20jährigen Bestehen mit dem „Orden der Völkerfreundschaft" ausgezeichnet. Es sind noch zwei wesentliche Leistungen dieses Instituts in den letzten Jahren hervorzuheben: die Inbetriebnahme des Isochron-Beschleunigers für schwere Ionen U-400 im Dezember 1978 und das physikalische Anfahren des schnellen Impulsreaktors IBR-2 mit dem Präzisionsinjektor LIU-30.

Die zweite wichtige Etappe der mehrseitigen Zusammenarbeit war die Bildung der Ständigen Kommission des RGW für die friedliche Anwendung der Atomenergie im Jahre 1960, an deren Arbeit Bulgarien, Ungarn, Vietnam, die DDR, Kuba, Polen, Rumänien, die Sowjetunion und die Tschechoslowakei teilnehmen. Wie die Arbeitserfahrungen der Kommission zeigten, fördert ihre Tätigkeit in bedeutendem Maß die Entwicklung und Vertiefung der Zusammenarbeit der RGW-Mitgliedsländer und die Schaffung der notwendigen Voraussetzungen für die effektive Einführung der Kerntechnik in die Volkswirtschaft. Einen wesentlichen Beitrag auf den Haupttätigkeitsgebieten der Kommission leisten ihre Arbeitsorgane (für Reaktortechnik und Kernenergetik, für die Bearbeitung und Beseitigung radioaktiver Rückstände, für Geräte und Anlagen der Kerntechnik, für den Strahlenschutz), Spezialistenberatungen zu einzelnen Fragen der Kernforschung und Kerntechnik und das RGW-Sekretariat (Abteilung für die friedliche Anwendung der Atomenergie).

Die mehrseitige wissenschaftlich-technische Zusammenarbeit im Rahmen der Kommission umfaßt eine Vielzahl von Fragen auf dem Gebiet der Reaktorforschung und -technik, der Kernenergetik und des Brennstoffkreislaufs, des kerntechnischen Gerätebaus, der Produktion und Anwendung von Nukliden und Quellen ionisierender Strahlung, der Strahlenschutztechnik, des

*) geringfügig bearbeitete und gekürzte Übersetzung aus „Atomnaja Energija" 46 (1979) 299

Strahlenschutzes und der Standardisierung von Erzeugnissen der Kerntechnik. Die Zusammenarbeit erfolgt auf der Grundlage von Fünfjahrplänen, von Arbeitsplänen zu den einzelnen Themen, von technisch-organisatorischen Zweijahres-Arbeitsplänen der Kommission und von Jahresplänen auf dem Gebiet der Standardisierung. Die wichtigsten Arbeitsvorhaben werden in die Arbeitspläne des Exekutivkomitees und in die zusammengefaßten Dokumente für zwischenzweigliche Probleme des RGW aufgenommen.

Die Kommission erarbeitet die Perspektivpläne der Zusammenarbeit und stimmt sie ab. So ist im Fünfjahrplan der wissenschaftlich-technischen Zusammenarbeit· für 1976—1980 die Durchführung von Arbeiten zu 15 Hauptproblemen vorgesehen, die zur Zeit über 80 Themen umfassen. An diesen Arbeiten beteiligen sich rund 90 Forschungs-, Entwicklungs- und Industrieeinrichtungen. Einen hervorragenden Beitrag zur Arbeit der Kommission leistet die Delegation der Sowjetunion.

Besonders bemerkenswerte Ergebnisse erzielten die Länder bei der Entwicklung der Reaktortechnik und Kernenergetik. Die Beratung der von der Delegation der Sowjetunion erarbeiteten Projektunterlagen für ein Kernkraftwerk (KKW) mit einer elektrischen Leistung von 880 MW mit zwei WWER-440-Blöken, die Ergebnisse der gemeinsamen Arbeiten zur Zuverlässigkeit und Sicherheit von KKW, zur Bearbeitung und Beseitigung radioaktiver Rückstände und zu anderen Problemen beeinflußten in hohem Maß die Ausarbeitung nationaler Programme für die Entwicklung der Kernenergetik in den RGW-Mitgliedsländern. Die Resultate dieser Arbeiten sind deutlich sichtbar: Verfügte im Jahre 1960 lediglich die Sowjetunion über Kernkraftwerke, so gab es bis 1979 KKW in Bulgarien, der DDR und der Tschechoslowakei; in Ungarn befindet sich ein KKW im Bau; in Kuba, Polen und Rumänien laufen die Vorbereitungsarbeiten zur Errichtung von KKW. Bezeichnend ist auch das Anwachsen der KKW-Leistung: 1960 — 105 MW (UdSSR), 1965 — 465 MW (UdSSR), 1970 — 1100 MW (DDR und UdSSR), 1978 — 12000 MW (Bulgarien, DDR, UdSSR, Tschechoslowakei). Für die Errichtung dieser Kapazitäten übergab die Sowjetunion den RGW-Mitgliedsländern die erforderlichen technischen Dokumentationen, lieferte die technologischen Hauptausrüstungen und erwies technische Hilfe bei der Errichtung der KKW, bei den Inbetriebnahmearbeiten und bei der Ausbildung der notwendigen Kader.

Von großer Bedeutung für die beschleunigte Entwicklung der Kernenergetik ist das im Jahre 1971 auf der XXV. Tagung des RGW angenommene Komplexprogramm der sozialistischen ökonomischen Integration, das (u. a.) die weitere Entwicklung und effektive Einführung der Kernenergie in die Volkswirtschaft vorsieht. Entsprechend diesem Programm wurde in den letzten Jahren die mehrseitige Zusammenarbeit auf Fragen der Schaffung und Vervollkommnung von thermischen und schnellen Reaktoren von großer Leistung konzentriert. Die wichtigsten Aufgaben in dieser Hinsicht sind der Abschluß der Arbeiten zur Vervollkommnung und industriellen Einführung einer Anlage mit einem thermischen Reaktor von 1000 MW(e)-Leistung (WWER-1000) und die beschleunigte Ausarbeitung des technischen Projekts für einen schnellen Reaktor mit einer Leistung von 1600 MW(e) (BN-1600). Für die Durchführung der Forschungs- und Entwicklungsarbeiten zu diesen Problemen stellten die RGW-Mitgliedsländer im laufenden Fünfjahrplan 200 Mio transf. Rbl. zur Verfügung. Im Verlauf dieser Arbeiten wurden wichtige Ergebnisse erzielt: Ungarn — Entwicklung eines Meßgeräts für die Borkonzentration, das in den KKW Koslodui (Bulgarien) und Nowoworonesh (UdSSR) erprobt wurde; DDR — Entwicklung von Cluster-Regelsystemen für die Spaltzone des WWER-1000 und gemeinsame Erprobung mit der UdSSR, Schaffung des Versuchsmusters eines Geräts zur Dampffeuchtemessung, Entwicklung von Methoden und Geräten für die Rauschdiagnostik von Reaktoren; Polen und Sowjetunion — Entwicklung einer Apparatur für die in-core-Messung und die Kontrolle des Neutronenflusses für Reaktoren großer Leistung, die in den KKW Koslodui (Bulgarien), „Bruno Leuschner" (DDR), Nowoworonesh und Kola (UdSSR) erprobt wurde; Tschechoslowakei — Entwicklung von Dampferzeugern des Modul-Typs für KKW mit schnellen Reaktoren, von schnelllaufenden Pumpen großer Leistung für den 1. Kreislauf von KKW mit WWER und eines Systems zur Materialkontrolle des Druckgefäßes während des Reaktorbetriebs nach der Methode der akustischen Emission. Nach dem Programm der Zusammenarbeit auf dem Gebiet schneller Reaktoren wurden von den Spezialisten der RGW-Mitgliedsländer gemeinsam Grundlagenuntersuchungen zur Physik und Hydrodynamik durchgeführt, Programme für die komplexe physikalische Berechnung von Brutreaktoren (einschl. Abbrand- und Umladeberechnungen des Brennstoffs) erarbeitet, ein Gerät für die automatische Anzeige von Verunreinigungen im Natrium-Kühlmittel entwickelt und erprobt, Methoden und Apparaturen zur Untersuchung der Reaktordynamik nach der Oszillatormethode ausgearbeitet, Neutronenspektren gemessen u. a. m.

Die Kommission ermittelte Aufgaben, die auf vertraglicher Grundlage zu bearbeiten sind. Zu ihnen gehören die Entwicklung eines Systems für die Gewinnung und Verarbeitung von Informationen über den Arbeitszustand von Leistungsreaktoren, von Cluster-Regelorganen für den WWER-1000 und eines Systems für die Kontrolle des Reaktordruckgefäßes nach der Methode der akustischen Emission sowie experimentelle und theoretische Untersuchungen zum kritischen Wärmeaustausch in Brennelementkassetten mit perforierter Umhüllung. Geschaffen werden Ausrüstungen für ein Versuchskernkraftwerk mit schnellem Reaktor (300 MW) und dissoziierendem Wärmeträger, ein Dampferzeuger hoher Leistung, Versuchsmuster von Geräten zur Kontrolle des Wasserstoff-, Sauerstoff- und Kohlenstoffgehalts im Natriumkreislauf, Systeme zum akustischen Nachweis von Wasser/Natrium-Lecks in Dampferzeugern sowie eine experimentelle Schleife am Reaktor „Maria" in Polen zur Untersuchung von Havariezuständen des Kühlkreislaufs von WWER. Weiterhin werden Bestrahlungsversuche an spaltbaren und Konstruktionsmaterialien und Untersuchungen an Brennelementen im dissoziierenden Wärmeträger am Reaktor „Maria" sowie experimentelle und theoretische Untersuchungen zum kritischen Wärmeaustausch in Brennelementkassetten bei nichtstationären und Havariezuständen mit Kühlmittelverlust durchgeführt. Einige dieser Arbeiten sind bereits abgeschlossen.

Eine wichtige Etappe der Zusammenarbeit der RGW-Mitgliedsländer und der Tätigkeit der Arbeitsorgane war die Ausarbeitung langfristiger Zielprogramme der Zusammenarbeit, die eine weitere Entwicklung und Konkretisierung des Komplexprogramms darstellen. In ihnen sind rund 250 Maßnahmen festgelegt, darunter zur Deckung des ökonomisch begründeten Bedarfs der RGW-Mitgliedsländer an den Hauptarten von Energie, Brenn- und Rohstoffen und zur Entwicklung des Maschinenbaus auf der Grundlage der Spezialisierung und Kooperation der Produktion, einschließlich der Fertigung von Ausrüstungen für die Kernenergetik. An der Realisierung dieser Zielprogramme beteiligen sich die Delegationen der RGW-Mitgliedsländer in der Kommission.

Einen wesentlichen Beitrag zur Lösung des Energieproblems werden der Bau von KKW mit einer Gesamtkapazität von 37000 MW in den europäischen RGW-Mitgliedsländern und in Kuba bis 1990 mit technischer Unterstützung durch die Sowjetunion und die gemeinsame Errichtung des 4000-MW-KKW Chmelnizki mit WWER-1000 durch die interessierten Länder, die Energielieferungen erhalten, leisten.

Die Entwicklung der Kernenergetik im Großmaßstab erfordert bedeutende finanzielle, materielle und Arbeitsaufwendungen. Eine maximale ökonomische Effektivität kann dabei durch die richtige Auswahl der optimalen Entwicklungswege erreicht werden. In diesem Zusammenhang nehmen in der Tätigkeit der Kommission Arbeiten auf dem Gebiet der Prognostizierung einen wichtigen Platz ein. Die Ergebnisse prognostischer Untersuchungen zeigten, daß der optimale Weg zur Lösung des Brennstoffproblems in der Einführung schneller Brutreaktoren besteht, wodurch die Struktur der Kernenergetik und die Kennziffern des Brennstoffverbrauchs wesentlich verbessert werden.

Große Aufmerksamkeit widmet die Kommission der Zusammenarbeit zur Vervollkommnung und effektiven Nutzung von Forschungsreaktoren. Auf diesem Gebiet wurden Arbeiten durchgeführt, deren Ergebnisse großen praktischen Wert für die Entwicklung und den Betrieb von Leistungsreaktoren besitzen. Darunter sind zu nennen:

- Vorbereitung der Produktion von Schwellendetektoren zur Bestimmung von Energiespektren schneller Neutronen in der Sowjetunion;
- Ausarbeitung von Kriterien zum Vergleich von Methoden und Geräten für in-core-Messungen zwecks Standardisierung im Rahmen des RGW;
- Ausarbeitung von zerstörungsfreien Methoden zur Bestimmung des Abbrandes von Kernbrennstoffen (Polen, Rumänien);
- Entwicklung kontinuierlich arbeitender Detektoren zur Messung der Neutronenflußdichte (mehrere Länder);
- Entwicklung von Kalorimetern zur Bestimmung der Energiefreisetzung in Brennelementen und Konstruktionsmaterialien.

Es wurden Arbeiten zur Kontrolle und Steuerung von Forschungsreaktoren unter Verwendung von EDVA abgeschlossen, die von großem praktischem Interesse unter dem Gesichtspunkt der Schaffung automatisierter Kontroll- und Steuersysteme für KKW sind.

In den letzten Jahren wurden die experimentellen Möglichkeiten an Forschungsreaktoren in Ungarn, der DDR, Polen, Rumänien, der Sowjetunion und der Tschechoslowakei durch Rekonstruktion und Erhöhung ihrer Leistung bedeutend erweitert. Neue große Forschungsreaktoren wurden errichtet. Dadurch ist es möglich, ein umfangreiches Forschungsprogramm auf dem Gebiet der Kernphysik, der Festkörperphysik und der Strahlenwerkstoffprüfung zu realisieren und wichtige Daten für die Projektierung und den Betrieb von KKW zu erhalten.

Eine effektive Form der Zusammenarbeit stellt die Tätigkeit des Zeitweiligen Internationalen Forschungskollektivs zur Durchführung reaktorphysikalischer Untersuchungen an einer kritischen Anordnung des Typs WWER (Zentralinstitut für Physik der Ungarischen Akademie der Wissenschaften, Budapest) dar, das auf Initiative der Kommission im Jahre 1972 gebildet wurde. Die Arbeiten zur Weiterentwicklung vorhandener und Schaffung neuer Rechenprogramme und Meßmethoden für Wasser-Wasser-Reaktoren stellen einen bemerkenswerten Beitrag zum Aufbau und zur Modernisierung der Spaltzonen von WWER-Leistungsreaktoren dar.

Die Entwicklung der Kernenergetik ist untrennbar mit der Vervollkommnung des Brennstoffzyklus und der Lösung der komplizierten Probleme auf dem Gebiet der Wiederaufarbeitung abgebrannter Kernbrennstoffe sowie der Unschädlichmachung und Lagerung radioaktiver Rückstände verbunden. Die wissenschaftlich-technische Zusammenarbeit in diesem Bereich ist charakterisiert durch Arbeitsteilung und Kooperation, durch die Durchführung von Arbeiten auf der Grundlage technischer Aufgabenstellungen und die systematische Übergabe von Annotationsberichten seitens der Länder zwecks Erörterung auf den Tagungen des zuständigen Arbeitsorgans der Kommission.

Es wurde ein technologisches Schema für die Wiederaufarbeitung von Kernbrennstoff unter Verwendung von Tributylphosphat und eines schweren nichtbrennbaren Verdünnungsmittels entwickelt, das für die Wiederaufarbeitung von WWER-Brennelementen mit einem Abbrand von ca. 30000 MWd/t Uran vorgesehen ist. Die weitere Vervollkommnung dieses Schemas wird es ermöglichen, es für die Wiederaufarbeitung des Brennstoffs schneller Reaktoren mit einem Abbrand von rund 100000 MWd/t Uran anzuwenden. Weiterhin wurde ein apparatetechnologisches Schema für die Wiederaufarbeitung von Kernbrennstoff nach der Fluorierungsmethode entwickelt, das bei der Ausarbeitung einer optimalen Variante zur Regenerierung von Brennelementen schneller Reaktoren benutzt wird, darunter von Brennelementen des BOR-60. Die optimale Kapazität einer kompletten Wiederaufarbeitungsanlage und die Kriterien für ihre Standortwahl wurden ermittelt. Für die ingenieurtechnische Gestaltung von Schemata zur Wiederaufarbeitung von Kernbrennstoff wurden entwickelt: kleine Pulsations-, Turbinen- und Zentrifugalextraktoren verschiedener Typenabmessungen (Polen, UdSSR), ein Schneckenlöser aus rostfreiem Stahl, elektromagnetische Dosierungsvorrichtungen, Mixer-Settler-Apparaturen und pulsierende Kolonnen (UdSSR) u. a. Eine Technologie und Apparaturen zur Entfernung der Hüllmaterialien von Brennelementen nach einem thermischen Verfahren wurden ausgearbeitet.Diese Methode erlaubt es, sowohl Hüllen aus rostfreiem Stahl (bei Brennelementen für schnelle Reaktoren) als auch Zirkonhüllen bei Oxidbrennstoff (WWER) zu entfernen. Für die Kontrolle und Steuerung von Prozessen zur Wiederaufarbeitung bestrahlter Kernbrennstoffe wurden Geräte für die radiometrische Bestimmung von Uran und Plutonium, für die gleichzeitige Bestimmung von Uran und freier Salpetersäure, eine Neutronenmethode zur Messung des Füllstandes von Lösungen, eine akustische Methode zur Kontrolle der Position von Phasengrenzflächen in chemischen Apparaturen u. a. m. entwickelt. Zur Erhöhung der Effektivität der Ausnutzung des Kernbrennstoffs in KKW und der Genauigkeit der Bestimmung wertvoller Komponenten im abgebrannten Kernbrennstoff werden von Spezialisten der DDR, Polens, Rumäniens, der Sowjetunion und der Tschechoslowakei Arbeiten zum Vergleich der Ergebnisse der Komponentenbestimmung in Lösungen abgebrannten WWER-Kernbrennstoffs durchgeführt (Experiment SROK).

Ein wichtiges Glied des Brennstoffkreislaufs ist der Transport abgebrannter Brennstoffe vom KKW zum Ort der Wiederaufarbeitung. Auf diesem Gebiet wurde ein ausgedehnter Zyklus von Arbeiten zur Konstruktion und Vereinheitlichung von Transportmitteln, zur Ausarbeitung technischer Bedingungen für Kassetten abgebrannter WWER-440-Brennelemente und zur Schaffung eines Spezialcontainers für den gefahrlosen Transport von Brennstoff aus KKW mit WWER durchgeführt. Im Ergebnis der Zusammenarbeit wurden „Regeln für den sicheren Transport abgebrannter Kernbrennstoffe aus KKW der RGW-Mitgliedsländer“ ausgearbeitet, in denen technische und rechtliche Fragen berücksichtigt sind.

Einer der bestimmenden Faktoren der Entwicklung der Kernenergetik ist die rationelle und gefahrlose Unschädlichmachung und Beseitigung radioaktiver Rückstände, die während des Betriebs von KKW gebildet werden. Während der letzten Jahre wurden in den RGW-Mitgliedsländern Forschungs- und Entwicklungsarbeiten durchgeführt, deren Ergebnisse die Grundlage für die gefahrlose Lagerung verfestigter radioaktiver Rückstände bilden. In Bulgarien, der DDR, Polen, der Sowjetunion und der Tschechoslowakei wurde in großem Umfang Faktenmaterial erhalten bezüglich der Geschwindigkeit der Auslaugung von Radionukliden aus Blöcken, die durch den Einschluß verschiedener radioaktiver Rückstände in Bitumen hergestellt wurden. In der DDR wurde die Verfestigung flüssiger radioaktiver Rückstände mit Zement und Filterasche von Wärmekraftwerken untersucht. In Polen wurden Forschungsarbeiten über die Verringerung der Auslaugeschwindigkeit von Cäsium und Strontium durchgeführt und Empfehlungen hinsichtlich der Verwendung von Kondensationsharzen und Bentonit für diesen Zweck erarbeitet. In der Sowjetunion wurde der Mechanismus von Strahlenprozessen studiert, die in Bitumenblöcken verschiedener Zusammensetzung und spezifischer Aktivität verlaufen. In der Tschechoslowakei wurden Zusätze zur Erhöhung der Bindungsfestigkeit von Strontium- und Cäsiumisotopen in Bitumenblöcken untersucht. In der Sowjetunion und Tschechoslowakei wurde ein Ausrüstungskomplex für die Bituminierung von KKW-Abfällen getestet, wobei sich zeigte, daß für die Bituminierung radioaktiver Rückstände Standardausrüstungen aus anderen Industriezweigen (Dünnschichtverdampfer, Extruder, Walzentrockner) in angepaßter Form eingesetzt werden können.

Im Verlauf der Zusammenarbeit wurden umfangreiche Arbeiten zur Untersuchung von Verfahren der Lagerung radioaktiver Rückstände in geologischen Formationen durchgeführt. Es wurden die Möglichkeiten der Schaffung von Lagerstätten in verschiedenen Schichten der Erdoberfläche erforscht: in Oberflächenhorizonten (Ungarn, Tschechoslowakei), in tiefen wasserführenden Schichten (UdSSR) und in Salzformationen (DDR). Die entsprechenden technologischen Grundlagen wurden erarbeitet, und an zentralen Punkten erfolgte versuchsweise die unterirdische Einlagerung flüssiger, fester und verfestigter radioaktiver Rückstände niedriger und mittlerer Aktivität.

Im Zusammenhang mit dem langen Betrieb von KKW in der Sowjetunion, in Bulgarien und in der DDR wurden Erfahrungen bei der Organisierung und Durchführung von Arbeiten zur Dekontaminierung von Oberflächen und KKW-Ausrüstungen gesammelt. Diese Erfahrungen erlauben es, mit gemeinsamen Kräften eine Typeneinrichtung für die Dekontaminierung von Ausrüstungen von KKW mit WWER-440 zu schaffen.

Die Nutzung der Atomenergie in der Industrie, Landwirtschaft und Medizin rief eine neue Richtung der Technik ins Leben — den kerntechnischen und Radioisotopen-Gerätebau. Anfangs wurden Geräte und Apparaturen der Kerntechnik von den in den RGW-Mitgliedsländern geschaffenen wissenschaftlichen Zentren und in Versuchsbetrieben entwickelt und hergestellt. Mit der Entwicklung der Zusammenarbeit eroberten sich in der Folgezeit diese Geräte einen festen Platz in der Produktion solcher bekannten Firmen wie Vereinigung „Elektron“ (Sofia), Kombinat „Gamma“ und EMG (Budapest), VEB Meßelektronik „Otto Schön“ (Dresden), Vereinigte Werke „Polon“ (Warschau) und „Tesla“ (Prag).

Das geschaffene wissenschaftlich-technische und Produktionspotential ermöglichte die Organisierung der mehrseitigen Zusammenarbeit der RGW-Mitgliedsländer auf dem Gebiet des kerntechnischen Gerätebaus unter Berücksichtigung der zukünftigen Entwicklung der Leistungsreaktoren und der Notwendigkeit der Entwicklung und Herstellung von Gerätesystemen für KKW. So wurde ein Komplex von Apparaturen für KKW mit WWER entwickelt, der die Kontrolle der Strahlensicherheit in den Räumen eines Kraftwerks, die Überwachung der Einhaltung der Normen für den Auswurf radioaktiver Aerosole und die individuelle dosimetrische Kontrolle des Personals gewährleistet. Dieser Gerätekomplex ist in den technischen Projekten des 5. Blocks des KKW Nowoworonesh, des 3. und 4. Blocks des KKW „Bruno Leuschner“ und des KKW Dukovany (Tschechoslowakei) enthalten. In den Jahren 1976—1978 erfolgten in der DDR umfangreiche Arbeiten zur Bestimmung der Position von Regelkassetten in WWER-440 mit Datenausgabe durch EDVA. Ferner wurden Geräte zur Reaktordiagnostik entwickelt. Spezialisten der DDR, Polens und der Tschechoslowakei führten Arbeiten im Zusammenhang mit der Schaffung eines Geräts zur Reaktivitätsmessung durch. In Ungarn wurde der zweite Entwurf technischer Forderungen an Geräte für die kontinuierliche Kontrolle der Borsäurekonzentration im Kühlmittel von WWER fertiggestellt. In der Tschechoslowakei und in Polen werden technische Forderungen an neue Typen von Szintillations- bzw. gasgefüllten Detektoren ausgearbeitet. Die Delegation der Sowjetunion in der Kommission unterbreitete Vorschläge für die Erarbeitung einer Analyse und Prognose der Entwicklung und Vervollkommnung von Apparaturen des kerntechnischen Gerätebaus für KKW bis 1995, die polnische Delegation leitet die Zusammenarbeit der RGW-Mitgliedsländer auf dem Gebiet von Geräten des CAMAC-Systems. Hervorzuheben ist der große Beitrag Ungarns, insbesondere des Kombinats „Gamma“, bei der Organisierung der Zusammenarbeit und direkten Entwicklung eines Systems von Geräten, Apparaturen und Anlagenkomplexen für die Nuklearmedizin, einschließlich der Produktionsvorbereitungen für die Gammakamera MW-9100 zur Radioisotopendiagnostik mit einem fortgeschrittenen Datenverarbeitungssystem.

Zur Erhöhung der Effektivität und praktischen Nutzbarmachung der Zusammenarbeit auf dem Gebiet von Geräten und Apparaturen der Kerntechnik wurde 1972 in Warschau die Internationale Wirtschaftsvereinigung für kerntechnischen Gerätebau „Interatominstrument“ gebildet. Das Ziel der Vereinigung ist die vollständige Deckung des Bedarfs der RGW-Mitgliedsländer an hochqualitativen Geräten und Anlagen der Kerntechnik, die dem wissenschaftlich-technischen Weltniveau entsprechen. „Interatominstrument“ gehören derzeit 15 Produktions- und Außenhandelsorganisationen Bulgariens, Ungarns, der DDR, Polens, der Sowjetunion und der Tschechoslowakei an.

Eine Hauptaufgabe von „Interatominstrument“ bestand angesichts der umfangreichen Nomenklatur und Kleinserienfertigung im kerntechnischen Gerätebau in der Organisierung der Spezialisierung und Kooperation der Produktion. Bereits 1976 wurde ein Abkommen über die mehrseitige Spezialisierung der Produktion unterzeichnet und 1977 eine Ergänzung dazu, die 70 Erzeugnisse mit einem Gesamtlieferumfang von rund 65 Mio transf. Rubl. im Zeitraum bis 1981 umfaßt. Zur Nomenklatur der spezialisierten Produktion gehören Ausrüstungen für Defektoskopielaboratorien, nuklearmedizinische Apparaturen, Radiometer und Dosimeter, Defektoskope, automatische Probenwechsler u. a.

Die Wirtschaftstätigkeit der Vereinigung wird auf der Grundlage eines Statutenfonds in Höhe von 2,1 Mio Rbl. entwickelt. Eine wichtige Etappe dieser Tätigkeit war der Aufbau von drei Service-Filialen in den Jahren 1975—1976 in Bulgarien (Plewen), in Polen (Zielona Gora) und in der Sowjetunion (Dubna), denen die technische Wartung von kerntechnischen Geräten und Apparaturen aus der Eigenproduktion und aus dem Import aus anderen Ländern obliegt. Durch die erfolgreiche Arbeit der Filialen wurde ein bedeutender Gewinn erzielt, der es ermöglichte, zusammen mit den Einnahmen aus Arbeiten im Rahmen von Wirtschaftsverträgen, im Jahre 1978 die laufenden Kosten des Apparats von „Interatominstrument“ ohne zusätzliche Beiträge der Mitglieder der Vereinigung zu decken, d. h. zur Eigenfinanzierung überzugehen. Eine der wichtigsten Aufgaben von „Interatominstrument“ bis 1990 ist die Organisierung der Arbeiten zur Spezialisierung und Kooperation der Produktion von Geräten und Apparaturen für die Kontrolle und Steuerung von KKW auf der Grundlage der modernen Rechentechnik.

Im Jahre 1974 wurde das „Abkommen über die mehrseitige internationale Spezialisierung und Kooperation der Produktion von Isotopenerzeugnissen“ abgeschlossen, das einen wesentlichen Einfluß auf die Steigerung des Warenaustauschs zwischen den RGW-Mitgliedsländern, die Entwicklung der Zusammenarbeit im Außenhandel und die Erhöhung der Qualität der Isotopenproduktion ausübte. Die Erzeugnisnomenklatur auf diesem Gebiet umfaßt gegenwärtig 1463 Positionen, davon sind spezialisiert in Ungarn — 74, in der DDR — 316, in Polen — 87, in Rumänien — 113, in der Sowjetunion — 714 und in der Tschechoslowakei — 159. Ein Ergebnis der Zusammenarbeit auf diesem Gebiet war eine Prognose der Produktion und des Bedarfs an Isotopenerzeugnissen bis 1990, aus der hervorgeht, daß Produktion und Bedarf an diesen Erzeugnissen in den RGW-Mitgliedsländern in den nächsten 12—15 Jahren ungefähr um den Faktor 3 ansteigen.

Im Ergebnis der Zusammenarbeit im Rahmen der Kommission auf dem Gebiet der Strahlentechnik wurden einheitliche normativ-methodische Dokumente bezüglich der Errichtung, des Betriebs und der Wirtschaftlichkeit von strahlentechnologischen Anlagen zur Herstellung von Materialien mit neuen Gebrauchseigenschaften, zur Ertragssteigerung landwirtschaftlicher Kulturen, zur Schädlingsbekämpfung bei Nahrungsmitteln, zur Sterilisierung medizinischer Materialien und Erzeugnisse und für den Umweltschutz erarbeitet. Weiterhin wurden eine Prognose der Entwicklung der Hauptrichtungen der Strahlentechnologie und der strahlentechnologischen Anlagen bis 1990 und andere konkrete Vorschläge für die Organisierung der industriellen Produktion von Erzeugnissen aus strahlenmodifiziertem Holz, strahlenbehandelten Isolationsmaterialien für die elektrotechnische Industrie und strahlensterilisierten Erzeugnissen für medizinische Zwecke ausgearbeitet.

Auf dem Gebiet der Strahlenschutztechnik war die Zusammenarbeit auf die Vereinheitlichung und Standardisierung von Schutzausrüstungen und operationstechnologischen Hilfsmitteln für den Umgang mit radioaktiven Stoffen und Quellen ionisierender Strahlung gerichtet. Es wurden Standards für Möbel und Verpackungssätze ausgearbeitet; Boxen, Kammern, Abzugsschränke und Manipulatoren werden unifiziert; es werden Arbeiten zur Spezialisierung der Produktion dieser Erzeugnisse durchgeführt.

Die Zusammenarbeit auf dem Gebiet des Strahlenschutzes wurde auf folgende Hauptrichtungen konzentriert: Strahlungsüberwachung von Umweltmedien, insbesondere im Bereich des Standortes von KKW; Schaffung von normativ-methodischen Dokumenten für die Projektierung, den Bau und den sicheren Betrieb von KKW; Ausarbeitung von Maßnahmen zur Überwindung von Havariesituationen bei KKW und zur Beseitigung ihrer Folgen; Erarbeitung von Maßnahmen zur Verringerung der Strahlenbelastung des KKW-Personals bei Normalbetrieb; Gewährleistung von gefahrlosen Arbeitsbedingungen beim Umgang mit verschiedenen Arten von Quellen ionisierender Strahlung. Auf diesem Gebiet wurden normativ-methodische Dokumente verabschiedet, die in den RGW-Mitgliedsländern bei der Durchführung entsprechender Arbeiten im nationalen Rahmen verwendet werden.

Eine umfangreiche Arbeit wurde zur Standardisierung von Erzeugnissen der Kerntechnik durchgeführt. Der Übergang zur Ausarbeitung von RGW-Standards zu vier Komplexthemen: „Kerntechnischer Gerätebau“, „Isotope und markierte Verbindungen“, „Strahlenschutztechnik“ und „Strahlentechnik“ wurde vollständig vollzogen. Im Rahmen dieser Komplexthemen sollen 47 RGW-Standards erarbeitet werden.

Systematisch untersucht und verfolgt wird die Radioaktivität der Donau, des Schwarzen Meeres und der Ostsee. In diesem Zusammenhang ist der erfolgreiche Verlauf einer gemeinsamen Spezialistenexpedition der RGW-Mitgliedsländer im August/September 1978 zur Untersuchung der Radioaktivität der Donau zu erwähnen. Während der Expedition wurden folgende Arbeiten ausgeführt: Probennahme nach einem vorher festgelegten Ortsplan, Schnellanalyse von Boden-, Schlamm-, Fischgewebs- und Algenproben. Anhand der Analysenergebnisse konnte festgestellt werden, daß keine Erhöhung der Verunreinigung der Donau durch Radionuklide vorliegt.

Die mehrseitige wissenschaftlich-technische Zusammenarbeit wird ständig weiterentwickelt und vervollkommnet, wobei alle neuen aussichtsreichen Gebiete der Anwendung von Methoden und Mitteln der Kerntechnik einbezogen werden. Neben den genannten Gebieten wurde in der letzten Zeit die Zusammenarbeit zu Fragen der technischen Nutzung der Supraleitfähigkeit und der gesteuerten thermonuklearen Synthese organisiert.

Die Kommission und das RGW-Sekretariat unterhalten ständige Kontakte mit dem Vereinigten Institut für Kernforschung (VIK). Vertreter des Instituts nehmen regelmäßig an den Tagungen der Kommission und ihrer Arbeitsorgane und an vielen wissenschaftlich-technischen Veranstaltungen teil, Mitarbeiter des RGW-Sekretariats an den Tagungen des Wissenschaftlichen Rates des VIK. Es erfolgt ein umfangreicher Austausch von Informationen und Materialien zwischen dem RGW-Sekretariat und dem VIK.

Mit jedem Jahr werden die Kontakte des RGW mit der Internationalen Atomenergie-Agentur (IAEA) erweitert und gefestigt. Vertreter der IAEA werden systematisch zu Veranstaltungen der Kommission eingeladen, Vertreter des RGW-Sekretariats und der Länderdelegationen in der Kommission nehmen an Veranstaltungen der IAEA teil. Im September 1975 wurde zwischen dem RGW und der IAEA ein Abkommen unterzeichnet, das die weitere Ausdehnung der Zusammenarbeit im Geiste der Realisierung der wirtschaftlichen und wissenschaftlich-technischen Beschlüsse der Schlußakte der Konferenz für Sicherheit und Zusammenarbeit in Europa (Helsinki, 1975) fördert.

Eingegangen am 16. 7. 1979

Probleme, Methoden, Analysen- und Meßverfahren im nuklearen Umweltschutz*)

W. Blume, D. Obrikat

(Staatliches Amt für Atomsicherheit und Strahlenschutz der DDR)[1])

Es werden die wesentlichsten Probleme und Aufgaben des Umweltschutzes hinsichtlich der verschiedenen Komponenten der natürlichen und zivilisatorischen Strahlenbelastung, die Überwachung auf Radioaktivität als Folge der Kernwaffenversuche und die Umgebungsüberwachung von Kernanlagen beschrieben.
Es wird ein Überblick über die verschiedenen Bestimmungsmethoden der Radionuklide, die Schritte der Probenaufbereitung, die zur Alpha-, Beta- und Gammamessung verwendeten Verfahren sowie die Meßwertverarbeitung gegeben.

(C50) INIS DESCRIPTORS:

alpha spectroscopy; beta spectroscopy; contamination; counting techniques; earth atmosphere; environment; fission products; food; food chains; gamma spectroscopy; German DR organizations; local fallout; nuclear explosions; nuclear facilities; radiation detectors; radiation doses; radiation monitoring; radiation protection; radioactivity; radioassay; radioecological concentration; radionuclide migration; sample preparation; soils; water

1. Einleitung

Auf Grund jahrelanger, schwerwiegender und folgenschwerer Versäumnisse bei der Abgabe von Industrieabprodukten in die Umweltmedien ergeben sich in allen modernen Industrieagrarländern hygienische, ökologische und nicht zuletzt ökonomische Probleme. Mit dem Einsatz großer finanzieller Mittel und beträchtlicher wissenschaftlich-technischer Kapazitäten wird heute in langfristig angelegten Sanierungsprogrammen versucht, das Ausmaß der Schädigungen in Grenzen zu halten, um nach und nach wieder die möglichst uneingeschränkte Nutzung der Umwelt zu ermöglichen.

Gegenüber den umfangreichen, noch weitgehend ungelösten Aufgaben des allgemeinen Umweltschutzes besitzt der nukleare Umweltschutz den Vorteil einer von vornherein weltweiten und gleichzeitigen Bearbeitung aller Probleme, was sich im Vorhandensein einheitlicher, wissenschaftlich begründeter, gesetzlich verankerter und international anerkannter Normative und Empfehlungen manifestiert. Bedingt durch die Erkenntnis, daß bei einem sorglosen Umgang mit Radioaktivität im industriellen Maßstab auch die friedliche Anwendung der Kernenergie zu einer Gefährdung der Menschheit führen kann, entstand der Grundgedanke des nuklearen Umweltschutzes. Der nukleare Umweltschutz darf nicht Folge, sondern muß unabdingbare Voraussetzung für die friedliche Anwendung der Kernenergie sein.

Der Artikel 15 der Verfassung der DDR und das Gesetz über die planmäßige Gestaltung der sozialistischen Landeskultur dokumentieren die große Bedeutung, die dem Umweltschutz im Rahmen der weiteren Gestaltung der entwickelten sozialistischen Gesellschaft in der DDR beigemessen wird.

In der DDR als einem hochindustrialisierten, dicht besiedelten und intensiv genutzten Land sind zur Gewährleistung des nuklearen Umweltschutzes besonders hohe Anforderungen an die Schutzgüte der Institutionen, in denen mit Radioaktivität umgegangen wird, und an Kernanlagen zu stellen. Als logische Folge daraus wurden die Forderungen des nuklearen Umweltschutzes bereits in den grundlegenden Gesetzen zur Gewährleistung des Strahlenschutzes festgelegt und das Staatliche Amt für Atomsicherheit und Strahlenschutz (SAAS) in seinem Statut mit der Planung, Koordinierung und Durchsetzung des nuklearen Umweltschutzes beauftragt.

Der einheitliche Grundsatz aller Umweltschutzbemühungen — Schutz der Umwelt vor Verunreinigungen — bedeutet jedoch nicht Schutz der Medien schlechthin, sondern in erster Linie Schutz des Menschen vor einer Gefährdung durch Abprodukte. Dieser Grundsatz ist selbstverständlich auch für den nuklearen Umweltschutz das Leitmotiv und muß in diesem Zusammenhang als der Schutz des Menschen vor der schädigenden Einwirkung der von radioaktiv kontaminierten Abprodukten ausgehenden ionisierenden Strahlung interpretiert werden. Deshalb gehen alle Maßnahmen des Strahlenschutzes und damit auch des nuklearen Umweltschutzes von der Frage nach den für den Menschen zulässigen Strahlenbelastungen von Einzelpersonen (Organismus im Ganzen, Organe und Körperteile), speziellen Bevölkerungsgruppen sowie der gesamten Bevölkerung aus. Da bereits kleine, über längere Zeiträume akkumulierte Strahlendosen biologische Folgen haben können, ergibt sich die Notwendigkeit, über die festgelegten Grenzwerte hinaus zu fordern, die Exposition des Menschen gegenüber ionisierender Strahlung auf ein unvermeidliches Minimum zu senken. Es besteht die Forderung, die nichtstochastischen Strahleneinwirkungen zu verhindern und die stochastischen Strahleneinwirkungen so klein wie möglich zu halten. Diese Forderung beinhaltet die ICRP-Empfehlung Nr. 26 [6]. Die Verhinderung nichtstochastischer Effekte wird durch die Festlegung ausreichend niedriger Grenzwerte, die Begrenzung stochastischer Effekte durch die Anwendung des Prinzips „ALARA" gewährleistet. Darüber hinaus ist bei der Genehmigung von Strahlenexpositionen in jedem Falle eine Kosten-Nutzen-Risiko-Analyse erforderlich, die durch Nachweis eines Nettonutzens für die Gesellschaft eine solche Exposition rechtfertigt, d. h., die Gesamtschädigung muß angemessen klein gegenüber dem entstehenden Nutzen sein. Die ICRP empfiehlt zur Erreichung dieser Zielstellung ein Dosisbegrenzungssystem mit folgenden Komponenten:

- Es ist keine Praxis zulässig, die nicht einen Nettonutzen bringt, das heißt, daß alle unnötigen Strahlenbelastungen vermieden werden müssen.
- Die Strahlenbelastungen sind unter Berücksichtigung ökonomischer und sozialer Faktoren so niedrig wie vernünftigerweise erreichbar zu halten.
- Die bei Einzelpersonen auftretenden Dosisäquivalente dürfen die empfohlenen bzw. festgelegten Grenzwerte nicht überschreiten.

Zu dem durch ionisierende Strahlung verursachten Gesamtrisiko des Menschen trägt die Strahlenbelastung durch natürliche Strahlenexpositionen ebenso bei, wie die Strahlenbelastung durch zivilisationsbedingte Strahlenexpositionen.

*) Plenarvortrag, vorgelegt auf der 2. Internationalen Tagung „Nukleare Analysenverfahren", 23.–26. 5. 1979, Dresden (DDR)

[1]) Anschrift: 1157 Berlin, Waldowallee 117

In der Vergangenheit wurde jedoch die Begrenzung der Strahlenbelastung bevorzugt auf Strahlenbelastungen bezogen, die durch künstliche Radionuklide hervorgerufen wurden, da man nur ihnen eine zivilisatorisch bedingte Strahlenexposition zusprach. Das ist aber mit dem Grundgedanken des Strahlenschutzes und dem System der Dosisbegrenzung nicht in Einklang zu bringen. Die Reduzierung bzw. Verhinderung einer zusätzlichen Strahlenbelastung durch natürliche radioaktive Stoffe vermindert das Gesamtrisiko des Menschen und ist deshalb im Sinne des Strahlenschutzes als positiv zu werten. Da die natürliche Strahlenexposition, der die Menschheit seit ihrer Entstehung ausgesetzt ist, eine der wichtigsten Ausgangspunkte zur Festlegung von Dosisgrenzwerten ist, macht es sich erforderlich, sie neu zu definieren und eine eindeutige Abgrenzung zwischen allen natürlich und zivilisatorisch bedingten Strahlenbelastungen zu finden. In der ICRP-Empfehlung Nr. 26 sind dazu schon konkrete Aussagen gemacht worden. Danach müssen z. B. die zusätzlichen Strahlenbelastungen durch Radon und seine Folgeprodukte bei der Tätigkeit im Bergbau sowie die, die durch den Gehalt der Baumaterialien und der Phosphatdüngemittel an natürlichen Radionukliden entstehen, eindeutig zu den zivilisatorisch bedingten Strahlenbelastungen gerechnet werden. Als natürliche Strahlenbelastung des Menschen kann nur die Exposition bezeichnet werden, der die Menschen in der freien Natur, die unberührt durch die Tätigkeiten des Menschen ist, ausgesetzt sind. Aber auch diese gemessenen Werte müssen um den Betrag der zivilisatorischen Komponente, den globalen Fallout als Folge der Kernwaffenversuche, korrigiert werden. [7—9]

2. Strahlenbelastung durch natürliche Radionuklide

Die Erfassung der natürlichen Strahlenbelastung erfolgt, um einerseits den Beitrag dieser Belastungsgröße zum Bevölkerungsdosisäquivalent zu bestimmen und um andererseits bei evtl. in begrenztem Umfang auftretenden unnormal hohen Strahlenbelastungen Maßnahmen zu ihrer Reduzierung einzuleiten.

Bei der Ermittlung der Grundpegelstrahlung interessiert den Strahlenschutz in erster Linie die im Mittel je Jahr oder je Generation von Menschen empfangene Dosis. Deshalb wurden und werden in der DDR zur Bestimmung der mittleren Bevölkerungsbelastung Ortsdosis- und Dosisleistungsmessungen der natürlichen äußeren Strahlung im Freien und innerhalb von Gebäuden und umfangreiche Untersuchungen des Gehaltes an natürlichen radioaktiven Stoffen in Baumaterialien durchgeführt.

Die Erfassung natürlich radioaktiver Stoffe in der Luft sowie die selektive Messung einzelner Strahlungskomponenten erfolgten mittels Umgebungsspektrometrie.

Ein besonderes Problem bildet die Beseitigung, Lagerung oder Nutzung der festen Bergbauabprodukte. Der im Landeskulturgesetz geforderten Weiterverwendung dieser Materialien einschließlich der Rekultivierung, Wiederurbarmachung und landwirtschaftlichen Nachnutzung der Haldenflächen kann, da es sich dabei häufig um Materialien mit einem erhöhten Gehalt natürlicher Radionuklide handelt, aus der Sicht des Strahlenschutzes nur dann zugestimmt werden, wenn die Grenzwerte eingehalten und unnötige Strahlenbelastungen vermieden werden. Zur Lösung dieser Probleme wurden umfangreiche Untersuchungen (statistische Erhebungen, Belastungsrechnungen, ökologische Untersuchungen) durchgeführt. Als Resultat dieser Untersuchungen wurden Radionuklidgrenzwerte abgeleitet, bei deren Einhaltung die Verwendung dieser beträchtlichen Materialreserven ohne Strahlenschutzrisiko möglich ist.

Die Genehmigungen werden auf der Grundlage der vom SAAS erarbeiteten „Richtlinie zur Verwendung und Nutzung von Haldenmaterialien zu Bauzwecken" erteilt. Diese Richtlinie gilt für alle Haldenmaterialien, die bei der Gewinnung und Aufbereitung von Ausgangsstoffen anfallen und deren Nutzung der Zustimmung des SAAS bedarf, sowie für alle übrigen Haldenmaterialien, deren Konzentrationen an natürlichen Radionukliden die der natürlichen örtlichen Baustoffe überschreitet. Für den Bau von umschlossenen, nicht speziell gelüfteten Räumen, in denen sich Menschen aufhalten (Wohn- und Arbeitsräume), ist Haldenmaterial dieser Art grundsätzlich nicht zugelassen [5].

Bergarbeiter, die in Gruben mit relativ hohem Gehalt der Luft an Radon und Radonfolgeprodukten arbeiten, gehören zur Gruppe der beruflich strahlenexponierten Personen. Zur Erfassung der Strahlenbelastung unter Tage wurde in enger Zusammenarbeit mit den Bergwerksbetrieben ein Programm sachlich und zeitlich aufeinander abgestimmter wissenschaftlich-technischer und organisatorischer Maßnahmen ausgearbeitet und realisiert. Die Bearbeitung sämtlicher Strahlenschutzprobleme, die an Arbeitsplätzen und in der Umgebung des Bergbaus auftreten, einschließlich der betrieblichen und zentralen Kontrollmaßnahmen, wird durch eine spezielle Strahlenschutzordnung geregelt. Danach werden sämtliche Strahlenschutzprobleme, die an Arbeitsplätzen und in der Umgebung von Betrieben des Bergbaus auftreten, in denen unter- sowie übertägige bergmännische und aufbereitungstechnische Arbeiten durchgeführt werden, bearbeitet. Das SAAS organisiert die Strahlenschutzüberwachung und führt die erforderlichen Erhebungs- und Kontrollmessungen durch. Zu diesem Zweck wurden im SAAS Meßmethoden und Meßgeräte zur routinemäßigen Bestimmung von Radon und seinen kurzlebigen Folgeprodukten unter Bergbaubedingungen entwickelt. Es kann sowohl der freie als auch der an Aerosol angelagerte Anteil der kurzlebigen Radonfolgeprodukte erfaßt werden. Als Meßgröße wird die sogenannte äquivalente Alphaenergiekonzentration E_α der kurzlebigen Radonfolgeprodukte verwendet. Zur routinemäßigen Bestimmung von E_α wurde in den letzten Jahren im SAAS ein tragbares, batteriegespeistes Grubenradiometer entwickelt und in Zusammenarbeit mit der VR Polen (Versuchswerkstätten für elektronische Geräte des polnischen Kernforschungszentrums) in die Serienfertigung übergeleitet. Es wird seit Ende 1978 in der VR Polen unter der Typenbezeichnung „Grubenradiometer RGR-11" produziert.

Das Grubenradiometer RGR-11 bestimmt das Weltniveau auf diesem Spezialgebiet der Strahlenmeßtechnik [17]. Besonders hervorzuheben sind der hohe Automatisierungsgrad, die geringe Masse (ca. 2,5 kg) sowie die relativ kleinen Abmessungen (300 mm × 85 mm × 145 mm).

Für die Bestimmung der äquivalenten Alphaenergiekonzentration E_α der kurzlebigen Radonfolgeprodukte wird die sogenannte *Markov*-Methode benutzt. Hierbei werden die kurzlebigen Radonfolgeprodukte zunächst 5 Minuten mit einer Probennahmepumpe auf einem hochwertigen Meßfilter angereichert. Anschließend wird im Zeitintervall zwischen 7. und 10. Minute nach Abschluß der Anreicherung am Meßfilter eine Alphamessung durchgeführt. Es gilt:

$$E = \frac{0{,}04 \cdot N}{D \cdot F \cdot V} \quad \text{in MeV/cm}^3$$

Dabei bedeuten:

N = Zahl der im obengenannten Zeitintervall gezählten Alphaimpulse

D = Detektorwirkungsgrad der Alphameßanordnung

F = Abscheidegrad des Meßfilters für kurzlebige Radonfolgeprodukte

V = Luftdurchsatz durch das Meßfilter.

Durchgeführte oberirdische Kernwaffenversuche 1945—1978

Jahr	USA		UdSSR		England		Frankreich		China	
	Expl./ Jahr	kumulativ	Expl./ Jahr	kumulativ	Expl./ Jahr	kumulativ	Expl./ Jahr	kumulativ	Expl./ Jahr	kumulativ
1945	3	3								
1946	2*	5								
1947	—	—								
1948	3	8								
1949	—	—	1	1						
1950	—	—	—	—						
1951	15	23	2	3						
1952	10	33	—	—	2	2				
1953	11	44	2	5	2	4				
1954	6	50	4	9	—	—				
1955	14	64	1	10	—	—				
1956	13	77	7	17	6	10				
1957	26	103	14	31	7	17				
1958	59**	162	28	59	5	22				
1959	—	—	—	—	—	—				
1960	—	—	—	—	—	—	3	3		
1961	—	—	31	90	1	23	1	4		
1962	12	174	41	131						
1964									1	1
1965									1	2
1966							5	9	3	5
1967							3	12	2	7
1968							5	17	1	8
1969							—	—	1	9
1970							3	20	1	10
1971							5	25	1	11
1972							3	28	2	13
1973							2	30	1	14
1974							4	34	1	15
1975									—	—
1976									3	18
1977									1	19
1978									2	21

* davon 1 Unterwasserexplosion
** davon 2 Unterwasserexplosionen

Das Grubenradiometer RGR-11 kann auch zur Bestimmung der Aktivitätskonzentration der kurzlebigen Radonfolgeprodukte (^{218}Po, ^{214}Pb, ^{214}Bi bzw. ^{214}Po) verwendet werden. Hierfür ist eine zusätzliche Alphamessung im Zeitintervall zwischen der 1. und 4. Minute nach Abschluß der Anreicherung erforderlich.

3. Strahlenbelastung durch künstliche Radionuklide

3.1. Überwachung auf Radioaktivität infolge der Kernwaffenversuche

Erste Erfahrungen auf dem Gebiet des nuklearen Umweltschutzes wurden in allen größeren Ländern durch die Ermittlung der Art und des Grades der Kontamination unserer Umwelt durch radioaktive Nuklide aus den Kernwaffenversuchen gewonnen (s. Tab.). Dabei nahmen die Kontrolle der Wege, auf denen die Radionuklide, direkt oder über Biozyklen, in den menschlichen Körper gelangen, den größten Raum ein.

In Erfüllung der in § 24 der Strahlenschutzverordnung der DDR enthaltenen Verpflichtungen legte das SAAS den Umfang der Erhebungsmessungen fest, der zur Ermittlung des Ausmaßes der Kontamination infolge der Kernwaffenversuche notwendig ist. Gleichzeitig wurden

— der Meteorologische Dienst der DDR mit der Überwachung der bodennahen Atmosphäre,
— das Ministerium für Umweltschutz und Wasserwirtschaft mit der Kontrolle der Oberflächen-, Grund- und Trinkwässer und
— das Ministerium für Land-, Forst- und Nahrungsgüterwirtschaft mit der Überwachung der Nahrungsmittel tierischer und pflanzlicher Herkunft

beauftragt.

Das Staatliche Amt für Atomsicherheit und Strahlenschutz führt außer Vergleichsmessungen von allen angeführten Medien die Überwachung

— von Boden und Pflanzen des Territoriums der DDR,
— der Gesamtnahrung (Krankenhaus- und Säuglingsheimvollkost) und

– in periodischen Zeitabständen des ^{90}Sr-Gehaltes der menschlichen Knochen

durch.

Außer Messungen der Gesamtaktivität ist es erforderlich, die Aktivität der biologisch gefährlichsten Nuklide zu ermitteln, um Aussagen über das Ausmaß der zusätzlichen Strahlenbelastung machen zu können.

Unter den langlebigen Spaltprodukten sind ^{90}Sr, ^{137}Cs und unter den kurzlebigen Spaltprodukten ^{131}J und ^{89}Sr von besonderer Bedeutung. Für die Auslegung der ^{90}Sr- und ^{137}Cs-Werte ist die Bestimmung der Bezugselemente Calcium und Kalium und des stabilen Strontiums — vor allem in Nahrungsmitteln — erforderlich. Zur Gewährleistung einer umfassenden wissenschaftlichen Auswertbarkeit der Ergebnisse wurden die Teilprogramme engstens miteinander verbunden und abgestimmt.

Bei der Auswahl der geographischen Lage der Stationen zur Überwachung der bodennahen Atmosphäre spielte außer dem Wunsch nach einer möglichst gleichmäßigen Verteilung auch die Erkenntnis eine Rolle, daß die Menge der am Boden abgelagerten radioaktiven Spaltprodukte in starkem Maß von der Niederschlagsmenge abhängig ist. Durch die geringe Ausdehnung unseres Territoriums ist eine signifikante Abhängigkeit der Falloutraten vom Breitengrad nicht zu erkennen. Spitzenwerte, wie sie an Orten mit hohen Niederschlagsmengen zu beobachten sind, erlangen für die Betrachtung der Belastung der Gesamtbevölkerung keine Bedeutung.

Für die Auswahl der zu überwachenden Gewässer, die Festlegung der Meßstellen und des Probenentnahmeturnus waren die Nutzung als Trinkwasserlieferant, die sonstige volkswirtschaftliche Bedeutung des Gewässers und in einigen Fällen die mögliche Beeinflussung durch Abwässer anliegender großer, offen arbeitender Radioisotopenanwender bzw. -produzenten maßgebend. Außerdem wurden die größeren grenzüberschreitenden Flüsse in das Überwachungssystem aufgenommen. Bei natürlichem Grundwasser ist die Kontrolle indirekt durch die jährliche Bestimmung der Eindringtiefe der Spaltprodukte in den Boden (Bodenprofile) gegeben. Es genügen deshalb zur Überwachung des Grundwassers einige Probenentnahmestellen in besonders durchlässigen Sandböden.

Die Überwachung des Bodens und wichtiger, in der Landwirtschaft zum Zwecke der Nahrungserzeugung genutzter und produzierter pflanzlicher Materialien soll Auskunft über die Kontamination und ihre zeitliche Veränderung geben. Diese Aufgabe mußte in einer ökonomisch günstigen Weise gelöst werden. Bei der Festlegung des ständigen Überwachungsnetzes wurden deshalb bei der Auswahl und Festlegung der Anzahl der Probenentnahmestellen die landwirtschaftlich produktivsten Gebiete der DDR bevorzugt erfaßt und dabei eine möglichst gleichmäßige Verteilung der Vollentnahmestellen über die Erzeugerräume landwirtschaftlicher Produkte auf dem Territorium der DDR angestrebt.

Die Hauptzufuhr radioaktiver Isotope in den menschlichen Körper erfolgt mit der täglichen Nahrung, während der mit Atemluft und Trinkwasser aufgenommene Anteil nur wenige Prozente der Gesamtzufuhr beträgt. Zur Ermittlung der zusätzlichen inneren Strahlenbelastung kann man sich somit auf die Nahrungsmittel tierischer und pflanzlicher Herkunft als Überträger beschränken.

Als Hauptkontaminationsträger für ^{90}Sr sind die Lebensmittel Getreide, Milch, Gemüse, Kartoffeln und Obst anzusehen. Bei der Cäsiumzufuhr erscheint das Fleisch als Hauptkontaminationsträger, es folgen Getreide, Milch, Kartoffeln, Obst und Gemüse. Es wurden nur diejenigen Lebensmittel in die Einzeluntersuchungen einbezogen, die nach ihrem Anteil am Verzehr und ihrem Kontaminationsgrad mehr als 1% der Gesamtzufuhr ausmachen.

Das Überwachungsnetz unseres Territoriums gestattet schon vor Einbringen der Ernte und Analysierung der erzeugten Lebensmittel eine Abschätzung über den Kontaminationsgrad. Das ist bei importierten Lebensmitteln nur selten möglich. Es muß somit die Inkorporationsgefahr durch Radionuklide, die in Importlebensmitteln enthalten sind, im allgemeinen höher eingeschätzt werden als die, die mit dem Verzehr einheimischer Lebensmittel verbunden ist. Unter den importierten Lebensmitteln spielt für die DDR das Getreide die wichtigste Rolle, es folgen Obst und Gemüse.

Sowohl der starke Rückgang der Kontamination seit dem Moskauer Vertrag über das Verbot der Kernwaffenversuche in der Atmosphäre, im Kosmos und unter Wasser (1963), mit dem ein außerordentlich erfolgreicher Schritt zur Vermeidung einer nicht steuerbaren Kontamination der Umwelt mit künstlichen radioaktiven Stoffen getan wurde, als auch die inzwischen gesammelten Erfahrungen über das Verhalten der Spaltprodukte in der Biosphäre und der Nahrungskette gestatten es, die aufgestellten Überwachungskonzeptionen auf ein Minimum zu reduzieren. Es ist Vorsorge getroffen, daß ohne größeren Aufwand das Meßnetz innerhalb des Territoriums der DDR der jeweiligen Strahlensituation angepaßt werden kann, da die Arbeitsfähigkeit aller Meßstellen und Probenentnahmestellen ständig gewährleistet bleibt.

Das Minimalprogramm stützt sich vor allem auf die Überwachung der bodennahen Atmosphäre (Luft, Niederschlag, Fallout). Künstlich induzierte Veränderungen der Umweltradioaktivität können dadurch sehr früh festgestellt werden. Die Überwachung der bodennahen Atmosphäre wird durch das in vielen Ländern in der Anlaufphase befindliche große Bauprogramm für Kernkraftwerke wesentlich an Bedeutung gewinnen. Auch der Überwachung grenzüberschreitender Flüsse und Gewässer wird in diesem Zusammenhang stärkere Aufmerksamkeit (z. B. in Form internationaler Überwachungsprogramme, Aufstellung und Kontrolle von Aktivitätsbilanzen) geschenkt werden müssen. Damit wird eine Änderung des Zwekkes und des Inhaltes der Untersuchungen eintreten und mit der zunehmenden weltweiten Nutzung der Kernenergie die bisherige sogenannte Falloutüberwachung zur Kontrolle der Auswirkung von Kernwaffentests in eine allgemeinere Form der Strahlenschutzüberwachung der Biosphäre auf zivilisatorisch bedingte radioaktive Kontamination der Umwelt übergeleitet werden [16].

3.2. *Umgebungsüberwachung von Kernanlagen*

Die Gewährleistung des nuklearen Umweltschutzes beinhaltet grundsätzlich die Forderung nach möglichst vollständiger Rückhaltung radioaktiver Abprodukte in den Einrichtungen und Anlagen, in denen mit ihnen umgegangen wird. Die absolute Durchsetzung dieser Forderung wirft jedoch so große technische Probleme auf, daß z. B. die Elektroenergieversorgung durch Kernkraftwerke nur noch mit volkswirtschaftlich unvertretbar hohen Aufwendungen möglich wäre. Andererseits besitzt die Umwelt eine begrenzte Kapazität zur Aufnahme radioaktiver Stoffe, ohne daß der Grundforderung des Umweltschutzes nach schadloser uneingeschränkter Nutzung aller Umweltmedien widersprochen wird. Es muß deshalb das Schwergewicht der wissenschaftlichen Arbeiten auf die Ableitung begründeter Abgabewerte für radioaktive Stoffe in die Umgebung gelegt werden. Dazu muß die Verteilung der aus den Anlagen in die Umgebungsmedien Luft und Wasser abzugebenden Radionuklide und die sich daran anschließende Migration und Akkumulation der Radionuklide in den verschiedensten ökologischen Systemen, einschließlich der der menschlichen Ernährung dienenden Endglieder der ökologischen Ketten, bestimmt werden. Bei der Festlegung der Abgabewerte ist es jedoch unumstößliches Prinzip, die theoretisch begründete Umgebungskapazität nicht auszulasten, sondern in Übereinstimmung mit entsprechenden internationalen Empfehlungen alle technologisch vorhandenen und ökonomisch vertretbaren Möglichkeiten zur weiteren Reduzierung der Radioaktivitätsfreisetzungen zu prüfen und zu nutzen. Die Durchführung derartig aufwendiger Untersuchungen muß jedoch in einem ausgewogenen Verhältnis zum tatsächlichen Gefährdungspotential der Betriebe und Einrichtungen, in denen mit radioaktiven Stoffen umgegangen wird, stehen.

Nach der Strahlenschutzverordnung der DDR ist jeder Betreiber einer Kernanlage zur Umgebungsüberwachung gesetzlich verpflichtet [1]. Die Umgebungsüberwachung ist ein System von Maßnahmen und Einrichtungen zur Beurteilung der Auswirkungen des Betriebes einer Kernanlage auf die Kontamination ihrer Umgebung und die damit verbundene Strahlenbelastung des Menschen. Die Umgebungsüberwachung hat den Nachweis zu erbringen, daß infolge des Betriebes einer Kernanlage in der Umgebung die festgelegten Grenzwerte der Strahlenbelastung nicht überschritten werden [2–4].

Die Grundsätze und das System der Umgebungsüberwachung in der DDR wurden vom SAAS in einer Richtlinie festgelegt [8]. Danach ist die Umgebungsüberwachung als betriebsbezogenes System aufzubauen. Dieses System enthält als Hauptkomponenten

- die lückenlose Erfassung der Auswürfe radioaktiver Stoffe aus den Kernanlagen,
- die ständige Bestimmung der für die Ausbreitungsbedingungen maßgebenden meteorologischen Parameter,
- die rechnerische Kombination dieser beiden Größen zur Abschätzung der in der Umgebung resultierenden Strahlenbelastungen sowie
- die Mittel zur Durchführung von Kontrollmessungen in der Umgebung im Bedarfsfall.

Die besondere Wirksamkeit des betriebsbezogenen Systems ergibt sich aus der sofortigen empfindlichen Erfassung der radioaktiven Stoffe an der Freisetzungsstelle und der trägheitsarmen Vorausberechnung der Folgen für die Umgebung, wodurch sowohl unverzügliche Rückwirkung auf die Betriebsweise als auch rasche Einleitung von Schutz- und zusätzlichen Kontrollmaßnahmen in der Umgebung ermöglicht werden.

Zur Entscheidungsfindung, welche Maßnahmen für die Nachweisführung der Einhaltung der vorgegebenen Grenzwerte ausreichend sind, wird nach einem Stufenprogramm verfahren. Dabei wird bei geringen radioaktiven Auswürfen die rechnerische Abschätzung der Strahlenbelastung als ausreichend für die Nachweisführung angesehen. Bei höheren Auswürfen werden, entsprechend einer möglichen Umgebungskontamination, zusätzlich zu den Berechnungen experimentelle Untersuchungen in den für den Standort charakteristischen Umweltmedien (kritische Belastungswege) durchgeführt.

Für die Abschätzung bzw. Berechnung der Auswirkungen sämtlicher, durch ihre radioaktiven Auswürfe charakterisierten Betriebszustände ist die Aufstellung eines Belastungsmodells notwendig. Unter Belastungsmodell muß dabei ein für den Standort spezifisches Rechenschema verstanden werden, nach dem aus den Auswurfwerten der Kernanlagen durch Kombination mit den Ausbreitungsbedingungen und unter Einbeziehung der Übergangsfaktoren Radionuklidkonzentrationen in den Umgebungsmedien berechnet werden können, aus denen sich die Strahlenbelastungswerte für Einzelpersonen und Bevölkerung ableiten lassen.

Seiner Verpflichtung als staatliches Kontrollorgan kommt das SAAS durch

- Kontrollmessungen im Rahmen des betriebsbezogenen Überwachungssystems,
- Stichprobenmessungen der Konzentration von Radionukliden in den wichtigsten Biomedien und
- Bestimmung kumulativer Belastungsgrößen durch ein betriebsunabhängiges Meßnetz, das bei Bedarf auch eine aktuelle Auswertung gestattet,

nach.

Die angeführten kumulativen Belastungsgrößen (Ortsdosis, Flächenkontamination) werden durch ein Netz stationärer Meßstellen in der Umgebung von Kernanlagen kontrolliert.

Zur Messung der integralen Ortsdosis werden Thermolumineszenzdosimeter eingesetzt. Als Detektormaterial benutzen wir selbsthergestelltes $CaSO_4$:Dy-Pulver. Das Dosimeter hängt 1 m über dem Boden in einem Kunststoffrohr. Es besteht aus Aluminium; die $CaSO_4$:Dy-Kapseln sind umgeben mit einem 1 mm dicken Sn-Energiekompensationsfilter.

Das Dosimetermaterial darf keine Selbstlumineszenz zeigen. Das Fading zwischen 2 Wochen und 1 Jahr beträgt nur $\approx 5\%$. Der Meßbereich liegt zwischen 10 mrd und 10^3 rd. Bei Langzeitmessungen können noch 5 mR/a über dem natürlichen Grundpegel nachgewiesen werden. Die Gesamtauswertung aller erhaltenen Meßwerte der einzelnen Überwachungssysteme erfolgt durch das SAAS.

Die gleichen Grundsätze, d. h. die betriebsbezogene Überwachung, liegen der Umgebungsüberwachung bei Störfällen zugrunde. Ist hierbei die direkte Erfassung der Auswürfe nicht möglich, sind für die rechnerische Abschätzung die für alle Kernanlagen erarbeiteten Modellfälle heranzuziehen.

Dieses konzipierte betriebsbezogene Überwachungssystem von Kernanlagen ist nicht anwendbar, wenn der Verursacher der Kontamination außerhalb des Hoheitsgebietes der DDR liegt. In diesem Fall müssen die Prinzipien einer betriebsunabhängigen Überwachung herangezogen werden, ähnlich denen der Territorialüberwachung auf Kontamination als Folge der Kernwaffenversuche.

4. Probenanalytik

Die resultierende große Zahl der zu analysierenden Überwachungsproben, ihre Menge, die Probenvorbereitung, die geforderte Meßgenauigkeit und die Gewinnung von reinen Meßpräparaten stellen spezielle Anforderungen an die Laboratorien und deren Ausrüstungen. Es müssen an unterschiedlichen Probenmedien wie Luft, Wasser, Boden, Pflanzen, Nahrungsmitteln usw. ca. 50 für den nuklearen Umweltschutz wesentliche Radionuklide bzw. Bezugselemente bestimmt werden.

Als Beispiel sei das „Probenanalytische Zentrum" des SAAS und einige der angewandten Analysen- und Meßmethoden beschrieben [11, 12].

Die Proben mit festgelegter Meßaufgabe sind die Eingabegrößen des probenanalytischen Zentrums.

Der Ablauf und die Schritte der Probenanalytik werden im wesentlichen von der Probenart, der Kategorie der Messungen und der spezifischen Aufgabenstellung bestimmt. Können Proben nach dem Zerkleinern, Trocknen usw. nicht direkt gemessen werden, so sind Maßnahmen zur Probenaufbereitung durchzuführen. Als einfachster Aufbereitungsschritt erfolgt eine unspezifische Anreicherung, z. B. durch Eindampfen, Trocknen oder Veraschen. Das trockene Veraschen hat den Vorteil, daß man mit geringem Aufwand eine nahezu vollständige Entfernung der organischen Matrix erreicht und gleichzeitig eine Konzentrierung der Probe eintritt. Bei Anwesenheit von ^{137}Cs und ^{210}Po können dabei allerdings Fehler durch Verflüchtigungen auftreten. Die Veraschungstemperatur darf deshalb nicht höher als 450 bzw. 200 °C sein. Um langwierige und aufwendige Naßveraschungen zu vermeiden, wurde die sogenannte Tieftemperaturveraschung entwickelt. Bei diesem Verfahren befindet sich die Aufschlußküvette mit dem Probengut in einem HF-Feld. Das Reaktionsgefäß wird evakuiert und während des gesamten Oxydationsprozesses Sauerstoff über einen Strömungsmesser eingespeist. Die Abgase werden mit Hilfe einer Vakuumpumpe ständig entfernt. Durch den im HF-Feld angeregten Sauerstoff ist eine schonende Tieftemperaturveraschung bei Temperaturen zwischen 100 und 200 °C möglich (z. B. ^{210}Pb, ^{210}Po, Spurenanalyse von Sn, Cd, Sb, Zn).

Boden, Gestein und silikathaltige Aschen müssen zur Erfassung der zu bestimmenden Radionuklide spezifischen Aufschlußverfahren unterzogen werden, wie z. B. Säureauszüge, Abrauchen mit Flußsäure und Schwefelsäure (SiO_2) oder Schmelzen mit NaOH und Na_2CO_3. (^{90}Sr, ^{137}Cs, ^{226}Ra, U). Obwohl angestrebt wird, die aufwendige manuelle chemische Bearbeitung durch die Anwendung empfindlicher und zugleich automatisierbarer Meßmethoden immer mehr einzuschränken, sind in vielen Fällen klassische und moderne chemische Trenn- und Bestimmungsmethoden neben der Kernstrahlungsmessung wichtiger Bestandteil der Probenanalytik. Das trifft vor allem zu bei der Bestimmung von Radionukliden, bei denen vor der Aktivitätsmessung eine sehr starke Anreicherung erfolgen muß, um die geforderte Nachweisgrenze zu erreichen und massearme Meßpräparate herzustellen oder um die nicht ausreichende Selektivität der Messung bei Radionuklid-Gemischen durch Trennungen zu verbessern. Die Bestimmung von Radionukliden in dem für den nuklearen Umweltschutz wichtigen Konzentrations- bzw. Aktivitätsbereich gehört in das Gebiet der Spurenanalyse bzw. Ultraspurenanalyse, wo die Verluste bei den notwendigen Anreicherungs- und Trennoperationen eine gravierende Rolle spielen. Dem wird begegnet durch Zusatz von geeigneten Trägern — am besten stabile Isotope der gesuchten Radionuklide —, wobei die Konzentration so erhöht wird, daß chemische Trennungen leichter beherrschbar sind. Die von der absoluten Konzentration unabhängigen Trennverfahren, wie Extraktion, Ionenaustausch und elektrolytische Abscheidung, finden immer mehr Anwendung, besonders in den Fällen, in denen, wie bei den meisten α-Strahlern, keine stabilen Isotope als Träger zur Verfügung stehen oder die Ausbeute bei den spezifischen Anreicherungsverfahren durch Markierung mit radioaktiven Isotopen des gesuchten Radionuklides bestimmt wird. Unter disen Gesichtspunkten wurden die Methoden zur Bestimmung von ^{89}Sr, ^{90}Sr, ^{137}Cs, ^{226}Ra und U ausgearbeitet.

So erfolgt z. B. die Bestimmung von Strontium-90 über sein Folgeprodukt Yttrium-90. Bei Routineuntersuchungen extrahieren wir das nachgebildete ^{90}Y mit dem Y-Träger mit einer 5%igen Lösung von Bis-(2-äthylhexyl)-phosphorsäure (HDEHP) in Toluol. Danach wird das Yttrium mit 3 N HNO_3 reextrahiert und mit Oxalsäure als Yttriumoxalat gefällt. Der Niederschlag wird auf einem Zählschälchen gesammelt, getrocknet und der Messung der β-Aktivität zugeführt [13, 14].

Cäsium-137 wird nach der Aufbereitung und nach Cs-Trägerzusatz aus salpetersaurer Lösung bei *p*H 1 an Ammoniummolybdatophosphat (AMP) gebunden, danach in NaOH gelöst, als Cäsiumhexachloroplatinat (Cs_2PtCl_6) gefällt, auf einem gewogenen Papierfilter gesammelt, gewogen und die β-Aktivität des ^{137}Cs gemessen [15].

Die Probenaufbereitung endet bei allen eingeschlagenen Wegen in der Herstellung von Meßpräparaten oder anderen meßfähigen Formen. Die abgestimmte Auswahl von Meßgeräten und Meßmethoden zur Aktivitätsbestimmung bildet das Kernstück des probenanalytischen Zentrums.

α-Nuklide (^{239}Pu, ^{238}Pu, ^{210}Po)

α-Nuklide werden mit großer Selektivität und guter Empfindlichkeit mit α-spektrometrischen Meßmethoden nachgewiesen. Dazu ist ein praktisch massefreies Meßpräparat erforderlich, das durch radioanalytische Trennoperationen und elektrolytische Abscheidung hergestellt wird. Zur α-Spektrometrie werden Si-Oberflächenbarrieredetektoren mit einer Fläche von 9 cm² und einem Energieauflösungsvermögen von 50 keV bei 5,5 MeV α-Energie eingesetzt. Bei Meßzeiten von 15 h können Aktivitäten bis herab zu 0,1 pCi nachgewiesen werden. Die spektrometrische Messung erfolgt mit einem Vielkanalanalysator des Typs NUKLEAR DATA 4420. Diese Nachweisgrenze ist für Bestimmungen im low-level-Bereich zum Teil nicht ausreichend. Man muß für diesen Zweck die bekannten Detektoren für die α-Messung, ZnS(Ag) — SEV oder fensterlose Durchflußzählrohre, einsetzen, die neben einem kleinen Nulleffekt eine hohe Zähleffektivität aufweisen. Bei elektrolytischer Abscheidung von Plutonium an Eisen oder spontaner Abscheidung von Polonium an Silber wird bei einer Meßdauer von 1000 min eine Nachweisgrenze von 0,03 pCi erreicht.

β-Nuklide

Der Nachweis von β-Nukliden erfolgt mit integralen und spektrometrischen Meßmethoden.

a) *Integrale Messung (z. B. ^{137}Cs, ^{90}Sr).* Äußerst empfindliche Messungen können mit Durchflußzählrohren durchgeführt werden, die in Antikoinzidenz zu großen Schirmzählrohren geschaltet sind. Mit einem Gerät der Firma Tracerlab werden bei 100 min Meßzeit Nachweisgrenzen von 0,2 pCi erreicht.

b) *Spektrometrische β-Messung (z. B. ^{3}H, ^{14}C, ^{35}S, ^{90}Sr).* Zur Identifizierung unbekannter β-Nuklidgemische setzen wir ein Flüssigkeitsszintillationsspektrometer TRICARB 3375 der Firma Packard ein. Für die Analyse stehen drei Spektrometerkanäle zur Verfügung, so daß maximal drei β-Nuklide nebeneinander bestimmt werden können. Die minimal nachweisbare Aktivitätskonzentration liegt für Tritium bei 0,3 pCi/ml (100 min Meßzeit). Bei vorausgehender elektrolytischer Anreicherung des Tritiums kann die Nachweisgrenze um den Faktor 10—100 herabgesetzt werden.

Hochenergetische β-Nuklide (z. B. ^{90}Y) können mit guter Effektivität in wäßriger Phase über die *Tscherenkow*-Strahlung gemessen werden (Nachweisgrenze ca. 0,1 pCi/ml).

Darüber hinaus können ohne zeitaufwendige radiochemische Arbeiten α-Messungen an flüssigen Proben durchgeführt werden.

γ-Nuklide (z.B. ^{137}Cs, ^{131}J, ^{60}Co, ^{226}Ra, ^{141}Ce, ^{144}Ce, ^{106}Ru, ^{103}Ru, ^{140}La, ^{40}K usw.)

Der größte Teil der bei der Strahlenschutzüberwachung auftretenden Nuklide können mit γ-spektrometrischen Messungen bestimmt werden. Entscheidend sind die richtige Auswahl des Detektortyps, die Detektorgröße und die Meßgeometrie. Die Wahl des Detektors wird durch Probenvolumen, Aktivitätsbereich und Komplexität des Nuklidgemisches festgelegt. Zum Einsatz gelangen NaJ(Tl)-Szintillations- und Ge(Li)-Halbleiterdetektoren.

a) *NaJ(Tl)-Szintillationsdetektor.* Proben mit einem Volumen bis zu 5 ml werden mit einem Dreikanalspektrometer des Typs AUTOGAMMA 5313 der Firma Packard analysiert. Die γ-Strahlung wird mit einem NaJ(Tl)-Bohrlochkristall (∅ 75 mm, 75 mm Höhe) gemessen. Der Probenwechsler des Gerätes gestattet die automatische Analyse von maximal 100 Proben. Die Meßwerte werden im Klartext und auf Lochstreifen ausgegeben, so daß eine weitere off-line-Verarbeitung und die automatische Erstellung eines Aktivitätsreports möglich ist. Bei 100 min Meßzeit werden für Nuklide mit 100% Quantenausbeute im mittleren Energiebereich (200–900 keV) Nachweisgrenzen von 0,6 pCi/g erreicht. Für die Messung von Proben mit einem Volumen bis zu 250 ml wird ein NaJ(Tl)-Bohrlochkristall (∅ 175 mm, Höhe 150 mm) verwendet. Durch starke Nulleffektreduktion (Abschirmung mit 15 cm Pb und 2 cm Cu), gutes Energieauflösungsvermögen (9,5% für ^{137}Cs) und hohe Quanteneffektivitäten werden für nieder- und hochenergetische (bis zu 2,5 MeV) γ-Strahler ausgezeichnete Nachweisgrenzen erreicht (0,03 pCi/g).

Zur Analyse von Proben mit Volumina $>$ 250 ml steht ein NaJ(Tl)-Kristall ∅ 150 mm von der Firma Ortec zur Verfügung. Die erreichbaren unteren Nachweisgrenzen hängen von der Meßgeometrie und der Probenmenge ab, die zur Verfügung stehen. Unter günstigen Umständen sind Aktivitäten bis herab zu 0,005 pCi/g noch bestimmbar.

b) *Ge(Li)-Halbleiterdetektor.* Proben mit einem komplexen Nuklidgemisch können häufig nur mit Hilfe hochauflösender Ge(Li)-Halbleiterdetektoren analysiert werden. Auf Grund des geringen Detektorvolumens und der daraus folgenden niedrigen Photopeakeffektivität werden bei Proben mit größeren Volumina, die für den Nachweis niedriger spezifischer Aktivitäten erforderlich sind, schlechtere Nachweisgrenzen als bei NaJ-Kristallen erreicht. Wir benutzen einen 50 cm^3-Ge(Li)-Detektor, der bei 1,3 MeV ein Energieauflösungsvermögen von 2,7 keV erreicht. Der Energiebereich 0 ... 2 MeV wird in 2000 Kanälen registriert. Für kleinvolumige Proben (bis 5 cm^3) wird eine minimal nachweisbare Aktivität von ca. 6 pCi erreicht. Zugrunde gelegt werden ein 1σ-Fehler von 50%, 1000 min Meßzeit und das Radionuklid ^{137}Cs. Für die Messung großvolumiger Proben (z. B. 1,5 l) werden Ringbecher eingesetzt. Die minimal nachweisbare spezifische Aktivität beträgt hierbei 0,01 pCi/g.

c) *Vielkanalanalysator.* Zur Registrierung aller spektrometrischen Meßwerte wird ein soft-ware-gesteuerter Vielkanalanalysator des Typs NUCLEAR DATA 4420 benutzt. Mit diesem Gerät können gleichzeitig die spektrometrischen Messungen an mehreren Kernstrahlungsdetektoren durchgeführt werden. Parallel zur Abspeicherung der Detektorimpulse können einfache Rechenoperationen im Rahmen der Spektrenauswertung erfolgen. Darüber hinaus wird die off-line-Verarbeitung von Meßwerten des TRICARB 3375 und des AUTOGAMMA 5313 an diesem Analysator durchgeführt.

Maximal kann in 8192 Kanälen bei 24 bit pro Kanal analysiert werden.

Atomabsorptionsspektrophotometrie

Ein weiteres sehr universelles Analysenverfahren, z. B. zur Bestimmung der Bezugselemente und zur Ausbeutebestimmung der Trägerelemente, ist die Atomabsorptionsspektrometrie (AAS). Sie erlaubt die quantitative Bestimmung von etwa 60 Elementen. Zur Bestimmung wird die in Lösung gebrachte Probe in eine geeignete Flamme verstäubt. Die gemessene Absorption ist ein Maß für die Konzentration des Elementes in der Probe. Mit dem uns zur Verfügung stehenden Gerät Modell 403 der Firma Perkin-Elmer wird für viele Elemente eine Nachweisgrenze im ng/ml-Bereich und darunter erreicht.

Fluorimetrie (Uranbestimmung)

Die Methode beruht auf der Messung der durch UV-Licht in Uranverbindungen angeregten Fluoreszenz. Aliquote Teile der aufgeschlossenen Probe (evtl. sind vorher noch Reinigungs- bzw. Anreicherungsschritte notwendig) werden auf einem Platinschälchen eingedunstet und danach mit einem Gemisch aus Natriumcarbonat, Kaliumcarbonat und Natriumfluorid (0,45: 0,45:0,10) geschmolzen. Die Fluoreszenz der erschmolzenen, ausgekühlten Tablette wird mit einem Fluorimeter, Modell TURNER 111, gemessen. Die Nachweisgrenze der Methode liegt bei 10^{-10} g U · g^{-1} absolut, der lineare Meßbereich reicht bis 1 µg U.

Das beschriebene „Probenanalytische Zentrum" gestattet es, alle im Rahmen des nuklearen Umweltschutzes anfallenden Überwachungsproben zu bearbeiten, zu analysieren und ihre Aktivität zu bestimmen. Das aus praktischen Erfahrungen und wissenschaftlichen Erkenntnissen aufgestellte und durchgeführte Überwachungssystem hat sich für unser Land gut bewährt, vor allem deshalb, weil Kontrollorgan und Betreiber von Kernanlagen als staatliche Institutionen Partner bei der Wahrung gesamtstaatlicher Belange sind.

Aus den experimentell ermittelten Überwachungsergebnissen und den rechnerischen Abschätzungen der Strahlenbelastung geht hervor, daß die durch die geringen radioaktiven Auswürfe aus Kernkraftwerken der DDR zustande kommende Kontamination der Medien vernachlässigbar gering und meßtechnisch mitunter kaum noch erfaßbar ist. Die experimentellen Kontrollen in der Umgebung zeigen, daß die Kontamination der einzelnen Medien im Schwankungsbereich des natürlichen bzw. falloutbedingten Pegels liegt.

Eingegangen am 5. 7. 1979

Literatur

[1] Verordnung über den Schutz vor der schädigenden Einwirkung ionisierender Strahlung – Strahlenschutzverordnung – vom 26. November 1969. GBl. DDR, Teil II (1969) Nr. 99, S. 627

[2] Gesetz über die Anwendung der Atomenergie in der DDR – Atomenergiegesetz – vom 28. März 1962. GBl I, Nr. 3, S. 47

[3] Verordnung zum Atomenergiegesetz – Einrichtung von Schutzgebieten – vom 28. März 1962. GBl. II Nr. 18, S. 151

[4] Anordnung über die Erteilung der Strahlenschutzgenehmigung für Kernanlagen – Kernanlagen-Genehmigungsordnung vom 4. Dezember 1969. GBl. II, Nr. 102, S. 697

[5] Richtlinie zur Verwendung und Nutzung von Haldenmaterialien zu Bauzwecken vom 11. März 1974. Mitteilung des SAAS Nr. 5/74

[6] ICRP Publication 26. Recommendations of the Commission 1977. Oxford: Pergamon Press 1977

[7] *J. Mehl*, Die natürliche und zivilisatorische Strahlenbelastung. Kerntechnik 20 (1978) 221

[8] Richtlinie zur Umgebungsüberwachung von Kernanlagen. Mitteilungen des SAAS Nr. 7/75

[9] *W. Blume*, Überwachung der Biosphäre auf Radioaktivität in der DDR. Report SZS-136 (1972) 35

[10] *W. Blume*, Strahlenschutzüberwachung und nuklearer Umweltschutz in der DDR. Report SZS-157 (1974) 6

[11] *W. Rehak*, *F. Moldenhawer*, Probenanalytik für Strahlenschutzmessungen in der SZS der DDR. Report SZS-157 (1974) 258

[12] *D. Herrmann*, *D. Obrikat*, *W. Rehak*, Aktivitätsmeßverfahren für die Probenanalytik der SZS. Report SZS-157 (1974) 264

[13] *W. Blume*, Analysenvorschriften zur Bestimmung des ^{90}Sr- und ^{89}Sr-Gehaltes in Fallout-, Wasser-, Boden-, Milch-, Nahrungsmittel-, Knochen- und Urinproben. Report SZS-2 (1966)

[14] *W. Rehak*, *B. Feddersen*, Radiochemische Bestimmung von Strontium-90 in Proben der Umwelt- und Personenüberwachung. Report SZS-149 (1973) 17

[15] *W. Rehak*, *G. Ubl*, Radiochemische Schnellbestimmung von Cäsium-137 in Wasser. Report SZS-1/70, 8

[16] *J. Kunert*, *M. Kunert*, *H. Ziesak*, *J. Thiele*, Ergebnisse der Strahlenschutzüberwachung des Territoriums der DDR auf Falloutradioaktivität 1976. Report SAAS-237 (1978)

[17] *D. Herrmann*, *W. Ullmann*, *C. Feddersen*, *F. Friemert*, *J. Schwedt*, Methods for Measurements of Radon and Radon Daughter Products in Underground and free Atmosphere Air, IAEA-SM-22/922 (1978)

Originalarbeiten

Aktivierungsanalytische Untersuchung von Zirkoniumlegierungen*)

K. Krogner, W. Görner, G. Loos

(Zentralinstitut für Kernforschung Rossendorf der AdW der DDR)[1])

Durch Aktivierungsanalyse mit Reaktorneutronen (zerstörungsfrei und mit chemischer Aufarbeitung) sowie mittels zerstörungsfreier Untersuchungen an einem Neutronengenerator wurden O, Al, Si, P, Mn, Cu, Nb, Mo, Cd, Ti, Cr und Hf in Zirkoniumlegierungen bestimmt.

(B11) INIS DESCRIPTORS:

aluminium 28; cadmium; calcium 49; chlorine 38; chromium 51; copper 64; destructive analysis; hafnium 181; indium 115; impurities; manganese 56; molybdenum; neutron activation analysis; niobium 94; niobium alloys; nitrogen 16; nondestructive analysis; oxygen; phosphorus 32; sample preparation; scandium 47; silicon; solvent extraction; technetium 99; titanium 51; zirconium base alloys

Einleitung

Verunreinigungen im Spurenbereich können die Eigenschaften hochreiner Materialien entscheidend beeinflussen. Zur Bestimmung der Gehalte einer Reihe von Elementen in Zirkoniumlegierungen wurde die Aktivierungsanalyse mit Reaktorneutronen sowohl zerstörungsfrei als auch mit chemiscuer Aufarbeitung eingesetzt. Die Ermittlung der Konzentrationen an Silizium und Sauerstoff erfolgte mit einem 14-MeV-Neutronengenerator.

Zerstörungsfreie Analysen

Untersuchungen mit Reaktorneutronen

Die Spuren Al, Mn, Ti, Ca und Cl sowie der Legierungszusatz Nb wurden über die in Tab. 1 angeführten Nuklide Ge(Li)-gammaspektrometrisch bestimmt.

Tab. 1.

Nuklid	$T_{1/2}$	gemessene Gammaenergie, keV
^{28}Al	2,3 min	1778
^{56}Mn	2,58 h	847
^{51}Ti	5,8 min	320
^{38}Cl	37,2 min	1642, 2167
^{49}Ca	8,7 min	3084
^{94m}Nb	6,3 min	871

Zur Bestrahlung wurde die unabgeschirmte Position der Rohrpost zum Core des Reaktors WWRS (Rossendorf) gewählt, die Gradienten des thermischen Flusses nur von 1—2%/cm aufweist und den Rücktransport der Proben zum Meßlabor im Verlauf weniger Sekunden gestattet. Letzteres ist im Hinblick auf die verhältnismäßig kurzen Halbwertszeiten und die Produktivität des Verfahrens von Bedeutung. Die applizierte Fluenz thermischer Neutronen betrug 2 ... 8 × 10^{15} cm^{-2}.

Soll Nb in Zr mit hoher Empfindlichkeit bestimmt werden, empfiehlt sich die Bestrahlung in einer Cd-abgeschirmten Position mit epithermischen Neutronen. Es bestand jedoch die Aufgabe, seinen Gehalt als Legierungsbestandteil im Prozentbereich zu ermitteln. Dies erfordert eine hohe Genauigkeit und Reproduzierbarkeit der Werte, die bei Benutzung der verfügbaren Cd-abgeschirmten Position mit Gradienten des epithermischen Flusses von 10—20%/cm von vornherein nicht zu erwarten waren. Die erhaltenen Nb-Werte von mehr als 30 Proben lagen im Bereich zwischen 0,9 und 1,2%. Es wurde eine Standardabweichung von 3% (rel.) erreicht.

Von den interessierenden Spurenbestandteilen konnten Ti, Cl und Ca nicht quantitativ bestimmt werden. Es wurden Nachweisgrenzen von 100 ppm Ti, 7 ppm Cl und 20 ppm Ca erzielt.

Mn wurde im Bereich zwischen 0,06 ppm und 5 ppm bestimmt. Die erreichten Standardabweichungen lagen für die niedrigen Mn-Gehalte um 0,03 ppm.

Es wurden Al-Gehalte zwischen 20 ppm und 60 ppm beobachtet. Die berechneten Standardabweichungen der Einzelmessungen von 2—5 ppm konnten bei 12 Doppelbestimmungen bestätigt werden. Die erhaltenen Resultate lassen einen Schluß auf die Homogenität der Al-Verteilung im Zr zu.

Hafnium wurde über ^{181}Hf (HWZ 42,4 d) nach ca. 90 h Aktivierung ($Fluß_{th.} \approx 5 \times 10^{13}$ ncm^{-2} s^{-1}) und etwa 14 d Abklingzeit bestimmt. Für dieses Element erfolgte die Auswertung sowohl durch den Vergleich mit einem Standard als auch unter Bezug auf den 724-keV-Gammapeak der Matrixaktivität ^{95}Zr bei Berücksichtigung der entsprechenden Kern- und Detektordaten; beide Verfahren lieferten gut übereinstimmende Ergebnisse. Die Gehalte lagen zwischen 400 und 450 ppm bei einer Standardabweichung von 20 ppm.

Untersuchungen mit dem Neutronengenerator

Bestimmung von Sauerstoff. Der Sauerstoffgehalt von Zirkoniumproben wurde bisher nach der Methode der Heißextraktion bestimmt. Da die nach diesem Verfahren ermittelten Gehalte wegen der Getterwirkung des Zirkoniums angezweifelt wurden, sollten sie durch ein unabhängiges Verfahren kontrolliert werden. Dazu bot sich die Aktivierungsanalyse mit schnellen Neutronen an.

Die Untersuchungen wurden mit Hilfe eines ungarischen Generator-Aktivierungsanalyselabors NA-2 mit zylindrischem pneumatischem Probentransportsystem und Birotor durchgeführt. Die Proben mit sehr unterschiedlichen Massen wurden in den üblichen Rohrpostkassetten zentriert und ohne Wechsel der Verpackung aktiviert und gemessen. Die Analysenparameter sind im folgenden zusammengestellt:

*) Vortrag, vorgelegt auf der 2. Internationalen Tagung „Nukleare Analysenverfahren", 19.—23. 3. 1979, Dresden (DDR)

[1]) Adresse: 8051 Dresden, PF 19

Reaktion: $^{16}O(n, p)^{16}N$	Aktivierungszeit: 10 s
$T_{1/2} = 7{,}4$ s	Abkühlzeit: 5 s
$\sigma = 40$ mbarn	Meßzeit: 10 s
Probenmasse: 0,7 g–5,5 g	Detektor: NaJ(Tl) 3″ ∅ × 3″
Neutronenoutput: $\approx 5 \cdot 10^{10}$ s^{-1}	Pegel: ≙ 4 MeV.

Es wurde ein relativ großer Blindwert durch die Verpackung (Polyäthylen) beobachtet. Durch die daraus resultierende große statistische Streuung waren für leichte Proben (unter 3 g) keine vernüftigen Ergebnisse zu erhalten. Die Mittelwerte von jeweils 5 Messungen der untersuchten 2 schwereren Proben (3,7 g bzw. 5,5 g) betrugen 740 ± 120 ppm bzw. 505 ± 100 ppm.

Bestimmung von Silizium. Die Si-Bestimmung mit 14-MeV-Neutronen über die Reaktion $^{28}Si(n, p)^{28}Al$ ist eine sehr effektive Methode, da diese Kernreaktion einen großen Wirkungsquerschnitt (250 mbarn) besitzt und das Aktivierungsprodukt sehr gut meßbar ist. Allerdings läßt Zirkonium wegen der Reaktion

$$^{90}Zr(n, 2n)\,^{89m}Zr \rightarrow \left\{ \begin{array}{l} ^{89}Zr \\ ^{89m}Y \end{array} \right\} \rightarrow \,^{89}Y \qquad (\sigma = 74 \text{ mbarn})$$

eine sehr hohe Matrixaktivität erwarten. Glücklicherweise emittieren diese Aktivierungsprodukte ihre Anregungsenergie durch Quantenstrahlung mit $E \leqq 1510$ keV, während die Energie der zu messenden Gammastrahlung des ^{28}Al 1780 keV beträgt. Die Störung wird also nur dadurch wirksam, daß die durch das Meßsystem festgelegte maximal verarbeitbare Impulsrate erreicht wird, so daß die zulässige Aktivierung bzw. die Meßeffektivität begrenzt ist. Eine Verbesserung der Meßbedingungen ist durch ein Filter zu erzielen, das die niederenergetische Strahlung bevorzugt absorbiert. Die Berechnung der optimalen Bestrahlungs- und Meßbedingungen ergab unter Berücksichtigung der vorgegebenen Probenform folgende Analysenparameter:

Probenmasse: 5 g	Aktivierungszeit: 2,3 min
Neutronenoutput: $\approx 5 \cdot 10^{10}$ s^{-1}	Abkühlzeit: 1 min
Filterdicke: 16 mm Pb	Meßzeit: 200 s
Detektor: NaJ(Tl) 4″ ∅ × 3″	$\left(\frac{\Delta E}{E}\right)_{660\text{keV}} = 0{,}075$

Unter diesen Bedingungen wurde eine Nachweisgrenze von 20 ppm Si ermittelt. Die gemessenen Gehalte der untersuchten Materialien lagen im Bereich zwischen 100 und 150 ppm. Damit ergibt sich ein mittlerer statistischer Fehler der Einzelmessung von etwa 16%. Die so bestimmten Gehalte können allerdings durch einen eventuellen P-Gehalt der Proben verfälscht sein, da die Reaktion $^{31}P(n, \alpha)^{28}Al$ ebenfalls zum ausgewerteten Aktivierungsprodukt führt. Da der Wirkungsquerschnitt der Störreaktion 119 mbarn beträgt, täuscht 1 ppm Phosphor 0,475 ppm Silizium vor. Eine Kontrolle ergab aber, daß der Phosphorgehalt des Materials zu klein ist ($\leqq$ 10 ppm), um eine wesentliche Verfälschung der Ergebnisse zu bewirken.

Bestimmungen mit chemischer Aufarbeitung

Da die störenden Einflüsse der Matrixaktivität die Bestimmung von Mo, Ti, Cr, Cd, Cu und P im vorliegenden Konzentrationsbereich nur mit unzureichender Genauigkeit zuließen oder gänzlich verhinderten, wurden chemische Abtrennungen der interessierenden Nuklide erforderlich. Es kamen im wesentlichen extraktive Trennungen zum Einsatz. Die zugesetzte Trägermenge betrug jeweils 100 µg. Durch Vorversuche ergab sich, daß die Ausbeute der Trennungen $\geqq$ 90% war; auf Ausbeutebestimmungen bei den einzelnen Aktivierungsanalysen wurde daher verzichtet. Die Bestrahlung der Proben und Standards erfolgte in abgeschmolzenen Quarzampullen. Vor der chemischen Aufarbeitung wurden die Proben zur Entfernung von Oberflächenverunreinigungen mit HF/HNO_3 kurzzeitig geätzt.

Der im Prozentbereich liegende Nb-Gehalt der Proben machte bei den einzelnen chemischen Operationen die Gegenwart eines Komplexbildners erforderlich, um die Ausfällung von adsorptiv wirkendem $Nb_2O_5 \cdot xH_2O$ zu verhindern. Aus diesem Grund wurde fast immer mit tartrathaltigen Lösungen gearbeitet. Die Anwesenheit dieses Komplexbildners grenzte allerdings die Anzahl der zur Verfügung stehenden Trennverfahren ein.

Trennschemata

Die angegebenen Trennschemata enthalten zugunsten einer besseren Übersichtlichkeit keine solchen Verfahrensschritte wie das Verdünnen und Einengen von Lösungen oder das Waschen von Extrakten.

Molybdän. Die Trennung beruht auf der Extraktion des Mo mit α-Benzoinoxim aus saurer Lösung:

Probe + Träger in HF/H_2SO_4 lösen, HF abrauchen
↓
Extraktion mit α-Benzoinoxim in Chloroform aus 1%iger H_2SO_4
↓ org. Phase
Messung des ^{99m}Tc nach > 30 h

Titan und Chrom. Zur Titanbestimmung ist das bei der Reaktion $^{47}Ti(n, p)^{47}Sc$ gebildete ^{47}Sc abzutrennen; deshalb werden 100 µg Scandium als Träger zugesetzt. Nach Entfernung der Matrix mit Cupferron wird Sc mit Thenoyltrifluoraceton (TTA) extrahiert; in der verbleibenden Lösung kann ^{51}Cr gemessen werden.

Probe + Träger in $H_2SO_4/(NH_4)_2SO_4$ lösen
↓ + NH_4-Tartrat
Extraktion des Zr + Nb mit Cupferron in Chloroform aus 1 N H_2SO_4
↓ wäß. Phase; + NH_3 bis pH 6; + KCN
Extraktion mit TTA in Chloroform
wäß. Phase ↓ Messung ^{51}Cr | org. Phase ↓ Messung ^{47}Sc

Kadmium und Kupfer. Die Trennung beruht auf der Extraktion beider Elemente als Dithiocarbamate. Durch Ausnutzung der unterschiedlichen Stabilität der Cyano-Komplexe von Cu und Cd läßt sich anschließend eine sehr selektive Abtrennung des Kadmiums erreichen.

Probe + Träger in HF/H_2SO_4 lösen, HF abrauchen
↓ + NH_4-Tartrat; + NH_3 bis ammoniakalisch
Extraktion mit DÄDDTC in Chlf.
↓ org. Phase
Waschen mit 0,5 N NaOH
↓
Reextraktion mit 5%iger KCN-Lsg.
wäß. Phase ↓ + Na-DDTC
Extraktion mit Chloroform
org. Phase ↓ Messung ^{115m}In nach $\geqq$ 24 h | wäß. Phase ↓ + Formaldehyd; + HCl bis 4 N
Extraktion mit Chloroform
↓ org. Phase
Messung ^{64}Cu

DÄDDTC = Diäthylammonium-diäthyldithiocarbamat
Na-DDTC = Natrium-diäthyldithiocarbamat

Tab. 2.

Element	gemessenes Nuklid	gemessene γ-Energie, keV	Gehaltsbereich	Standard-abweichung
Mo	^{99m}Tc	141	0,5—3 ppm	0,1—0,2 ppm
Ti	^{47}Sc	159	3—12 ppm	1—2 ppm
Cr	^{51}Cr	320	20—30 ppm	1 ppm
Cu	^{64}Cu	511	1—3 ppm	0,2 ppm
Cd	^{115m}In	336	0—15 ppb	1—3 ppb
P	^{32}P	β^--Messung	8—10 ppm	0,5 ppm

Probe lösen in $HF/HNO_3/H_2SO_4$, HF abrauchen

↓

Extraktion des Zr + Nb mit Cupferron in Chloroform

\+ PO_4^{3-}-Träger
\+ HNO_3 + NH_4NO_3
\+ NH_4-Molybdat

↓

Fällung von NH_4-Molybdatophosphat

↓

Lösen in verd. NH_3

↓

Messung des ^{32}P

Phosphor. Nach Extraktion der Matrix mit Cupferron in Chloroform wird Po_4^{3+} als Molybdatophosphat gefällt und in Ammoniak gelöst. Die Messung des reinen β-Strahlers ^{32}P erfolgt über die in der Lösung auftretende *Čerenkov*-Strahlung an einem Flüssigszintillationsspektrometer.

Ergebnisse

In Tab. 2 sind die bei den Bestimmungen mit chemischer Abtrennung ermittelten Gehaltsbereiche angegeben (Probenmasse ca. 180 mg, Aktivierungszeit 24—92 h, thermischer Neutronenfluß $\approx 5 \times 10^{13}$ ncm^{-2} s^{-1}, Meßzeit 1000—4000 s, aktives Volumen des Ge(Li)-Detektors 18 cm^3).

Eingegangen am 24. 6. 1979

Aktivierungsanalytische Samariumbestimmung mit epithermischen Neutronen in Gegenwart von Uran*) **)

G. Garcia[1]), *G. Loos*[2]), *M. Saupe*[2]), *S. Niese*[2])

([1]) Institut für Kernforschung, Havanna (Kuba), [2]) Zentralinstitut für Kernforschung Rossendorf der AdW der DDR)

In verschiedenen kubanischen Erzproben wurden Samariumgehalte durch einfache Gammaspektrometrie des 103-keV-Peaks nach einer Aktivierung mit epithermischen Neutronen bestimmt. Dabei mußte der Einfluß der in den Proben vorhandenen Urangehalte berücksichtigt werden, weil die Aktivierungsprodukte des Urans Quanten mit ähnlicher Energie emittieren. Nach Prüfung der linearen Relation zwischen dem Urangehalt und dem Beitrag zum 103-keV-Peak war es möglich, den wahren Samariumgehalt zu ermitteln, wenn gleichzeitig der Urangehalt bestimmt wurde.

Die Methode wurde an Proben des Standardmaterials Granit GM überprüft. Die ermittelten Ergebnisse befinden sich in guter Übereinstimmung mit dem attestierten Sm-Gehalt.

(B11) INIS DESCRIPTORS:

epithermal neutrons; gamma spectroscopy; granites; interfering elements; neptunium 239; neutron activation analysis; ores; samarium; 153 trace amounts; uranium

Einleitung

Wie alle Lanthaniden ist auch Samarium ein geochemisch interessantes Element. Die sehr ähnlichen chemischen Eigenschaften dieser Elementgruppe erschweren jedoch die Bestimmung der individuellen Elementgehalte. Daher wurden bereits verschiedene aktivierungsanalytische Methoden zur Bestimmung der SE-Gehalte entwickelt. Auch zur Samariumbestimmung wurden bereits mehrere instrumentelle und radiochemische Bestimmungsverfahren publiziert. Die radiochemischen Aktivierungsanalysen verwenden zum Teil Ionenaustauscher-Trennungen [1, 2] oder einfache Gruppenseparationen [3, 4].

Instrumentelle Methoden basieren auf der Messung des 41-keV-Peaks [5] des ^{153}Sm oder der Gamma-Gamma-Koinzidenzspektrometrie [6]. In der Literatur sind auch noch andere Methoden erwähnt [7—9]. Das Ziel aller dieser Methoden ist es, den Untergrund im niederenergetischen Bereich des Gammaspektrums, in dem die Peaks des ^{153}Sm auftreten (Tab. 1), möglichst niedrig zu halten.

In dieser Arbeit wurden epithermische Neutronen zur Aktivierung verwendet, wodurch eine selektive Induzierung gewisser

*) Vortrag, vorgelegt auf der 2. Internationalen Tagung „Nukleare Analysenverfahren", 19.—23. 3. 1979, Dresden (DDR)

**) Diese Arbeit wurde ausgeführt im ZfK Rossendorf als Teil des Programms der Zusammenarbeit mit dem Institut für Kernforschung Havanna, Kuba.

[2]) Anschrift: 8051 Dresden, PF 19

Tab. 1. Interferenzen bei der Samariumbestimmung [11]

Ausgangs-Nuklid	Isotopen-häufigkeit	Aktivier.-Produkt	Halbwertszeit	Res.-Int. barn	E_γ/keV %
^{152}Sm	26,7%	^{153}Sm	46,5 h	3141	41,5 (46) 47 (11) 103,2 (28,3)
^{181}Ta	99,9%	^{182}Ta	115 d	700	100,1 (11,9) ...
^{232}Th	100%	^{233}Pa	27,4 d	82	98,4 (13,5) 111 (4,8) ...
^{238}U	99,3%	^{239}Np	2,35 d	275	99,5 (11) 103,7 (18) 106,1 (21) 228 (12) 277,6 (12) ...

Kernreaktionen stattfindet. *Brune* und *Jirlow* [10] definierten für diese selektive Aktivierung einen „Vorteilsfaktor"

$$V = (R_{\text{Cd}})_a / (R_{\text{Cd}})_D$$

wobei $(R_{\text{Cd}})_a$ und $(R_{\text{Cd}})_D$ die Kadmiumverhältnisse des störenden und des interessierenden Nuklids bedueten. Für den speziellen Fall der Samariumbestimmung in geologischen Materialien wies *Steinnes* [5] die Vorteilhaftigkeit dieses Aktivierungsverfahrens nach. Bei den vorliegenden Untersuchungen wurde jedoch noch eine Störung festgestellt, die sich durch die Aktivierung mit epithermischen Neutronen nicht verringern läßt, da der Vorteilsfaktor $V < 1$ ist. Als Ursache dieser Interferenz wurde die Strahlung des ^{239}Np festgestellt. Sie macht eine rechnerische Korrektion der Samariumbestimmung erforderlich.

Theorie

Im Fall der Überlagerung mehrerer Peaks gleicher Energie ergibt sich die Konzentration c des zu untersuchenden Elements x aus der scheinbaren Konzentration $c_A(x)$ und dem Beitrag durch die interferierenden Elemente $F(c_1, c_2 \dots c_i)$:

$$c(x) = c_A(x) - F(c_1, c_2, \dots, c_i) \tag{1}$$

Die Größe von F hängt außer von den Elementgehalten von der Methode und den Versuchsparametern ab. Im allgemeinen besteht ein linearer Zusammenhang zwischen Störung und Elementgehalt:

$$F = \sum_i K_i c_i = \frac{m_s}{m \cdot I_s(x)} \sum_i f_i c_i \tag{2}$$

Es bedeuten:

m, m_s = Masse der Probe bzw. des Standards
f_i = Faktor für die spezifische Intensität des interferierenden Elements im Auswertebereich
$I_s(x)$ = Intensität im Auswertebereich des Standards.

Die Größe von f_i hängt offensichtlich von der Methode und den Versuchsbedingungen ab und kann unter geeigneten experimentellen Voraussetzungen gegen Null gehen.

Nach Gleichung (2) kann die erforderliche Korrektion berechnet werden, wenn die Gehalte der interferierenden Elemente in der Probe bekannt sind, wobei die f_i aus Messungen von Standardproben der Störelemente, die unter gleichen Versuchsbedingungen bearbeitet wurden, zu ermitteln sind.

Für den speziellen Fall der Samariumbestimmung sind eventuelle Interferenzen in Tab. 1 zusammengestellt. Bei der Wahl geeigneter experimenteller Bedingungen können sie aber alle, mit Ausnahme der Störung durch den Urangehalt der Proben, vernachlässigt werden. Nach (2) ist dann die Korrektion F direkt proportional dem Urangehalt. Mit der Beziehung

$$c_A(\text{Sm}) = \frac{m_s}{m} \frac{I_{\text{total}}}{I_s(\text{Sm})} \tag{3}$$

ergibt sich für den wahren Samariumgehalt:

$$c(\text{Sm}) = c_A(\text{Sm}) - \frac{m_s}{m} \frac{I_{103}(\text{U})_s}{I_{278}(\text{U})_s} \frac{I_{278}(\text{U})}{I_s(\text{Sm})} \tag{4}$$

Experimentelles

Die Aktivierungen erfolgten in einer Bestrahlungsposition des Berylliumreflektors des Rossendorfer Forschungsreaktors WWRS.

Die gemahlenen Proben wurden in Aluminiumdöschen 20 mm ∅ × 4 mm eingewogen. Zur Bestrahlung wurden 10 Proben und Standards, zwischen denen Flußmonitore angeordnet waren, säulenförmig aufgebaut. Dadurch war eine einfache und exakte Korrektion des Flußgradienten möglich. Bei der Bestrahlung schirmte eine 0,5 mm dicke Kadmiumhülle die thermischen Neutronen ab. Der epithermische Neutronenfluß betrug etwa 10^{12} n cm^{-2} s^{-1}, die Aktivierungszeit 1 h.

Jede Probe wurde zweimal gemessen, wobei die Abkühlzeiten etwa 5 bzw. 7 d und die Meßzeiten je nach integraler Impulsdichte 10^3 bis 10^4 s betrugen. Zur Messung fand ein 31-cm^3-Ge-(Li)-Detektor (UJV Řež) in Verbindung mit einem 2048-Kanal-Spektrometer (Eigenbau ZfK) Anwendung.

Ergebnisse

Nach den Gleichungen (3) und (4) ergaben sich die scheinbaren und korrigierten Samariumgehalte der untersuchten Proben, deren Mittelwerte in Tab. 2 zusammengestellt sind.

Die mittlere Streuung durch die Zählstatistik war bei jeder Messung kleiner als 3% relativ. Die Standardabweichung bei der Abschätzung der Korrektur F in Abhängigkeit vom Urangehalt c(U) wurde zu $\pm 0{,}07$ ppm Sm berechnet. Die Ergebnisse der jeweiligen beiden Messungen, die im Abstand von etwa einer Halbwertszeit des ^{153}Sm durchgeführt wurden, stimmten gut

Tab. 2. Mittelwert der Samariumgehalte in ppm kubanischer Erzproben

Probe	c(U)	F	c_A(Sm)	c(Sm)
M1	4,93	1,84	3,02	1,18
M2	15,50	6,13	7,05	0,92
M3	0,46	0,16	0,38	0,22
M4	1,08	0,35	1,86	1,51
M5	2,09	0,82	0,99	0,17
M6	1,60	0,63	1,48	0,85

Tab. 3. Samariumgehalt in ppm in Granit — Meißen

Probe	c(U)	c_A(Sm)	c(Sm)	$c(\mathrm{Sm})_{\mathrm{Attest}}$
GM	7,35	8,14 ± 0,17 8,42 ± 0,59	5,22 ± 0,18 5,50 ± 0,59	5,1 ± 0,81

überein. Dieses Ergebnis zeigt, daß die Anwendung des Korrektionsverfahrens berechtigt ist und keine wesentliche weitere Störung vorliegt.

Eine weitere Prüfung des Verfahrens erfolgte durch seine Anwendung auf den Granit-Standard des Zentralen Geologischen Instituts der DDR. Diese Ergebnisse sind in Tab. 3 enthalten.

Eingegangen am 12. 6. 1979

Literatur

[1] *H. B. Desai* u. a., Talanta **11** (1964) 1249
[2] *A. W. Mosen* u. a., Z. Anal. Chem. **218** (1966) 390
[3] *K. Tomura* u. a., Anal. Chem. Acta **41** (1968) 217
[4] *O. Landstrom* u. a., Mod. Trends in Act. Anal., Gaithersburg 1968, NBS Special Publ. 312, Vol. 1, 353
[5] *E. Steinnes*, Z. Anal. Chem. **247** (1969) 23
[6] *O. B. Michelsen, E. Steinnes*, Mod. Trends in Act. Anal., Gaithersburg 1968, NBS Special Publ. 312, Vol. 1, 315
[7] *R. H. Filby*, J. Radioanal. Chem. 5 (1970) 277
[8] *I. C. Cobb*, Anal. Chem. **39** (1967) 127
[9] *A. O. Brunfelt* u. a., J. Radioanal. Chem. **38** (1977) 451
[10] *D. Brune, K. Jirlow*, Nukleonik **6** (1964) 242
[11] *G. Erdtmann*, Neutron Activation Tables, Verlag Chemie 1976

Исследование разделения редкоземельных и трансплутониевых элементов аминами из комплексообразующих сред радиохимическим методом

А. А. Копырин, В. Д. Мурашов, В. П. Шведов

(Технологический институт имени Ленсовета, Ленинград)

Методом радиоактивных индикаторов изучено экстракционное выделение и разделение америция (III), церия (III), прометия и европия раствором нитрата три-н-октиламина в р-ксилоле из водных растворов нитрата лития, содержащих этилендиаминтетрауксусную (ЭДТА) или диэтилентриаминпентауксусную (ДТПА) кислоты. Исследовано влияние концентраций нитратов церия и европия и изученных комплексонов в широкой области (от 10^{-1} до 10^{-6} M) на разделение америция, прометия, церия и европия. Найдены области концентраций оптимального разделения исследованных элементов. Наилучшее разделение достигается в присутствии ДТПА.

(B12) INIS DESCRIPTORS:

americium; americium 241; americium 243; amines; cerium; cerium 144; DTPA; EDTA; europium; europium 152; nitrates; promethium; promethium 147; quantity ratio; solvent extraction; tracer techniques

Проблема разделения трансплутониевых (ТПЭ) и редкоземельных элементов (РЗЭ) вызывает повышенный интерес исследователей, который обусловлен, в частности, возможностью разделения актиноидов и лантаноидов, тонкой очистки и получения индивидуальных чистых РЗЭ и ТПЭ, содержащихся в отходах радиохимических производств.

Использование экстракционных методов позволяет успешно проводить разделение лантаноидов и актиноидов. Эффективность разделения можно увеличить, добавляя в экстракционную систему комплексообразующие агенты различного строения [1].

Ранее нами было исследовано [2—5] влияние некоторых комплексонов на эффективность разделения РЗЭ и ТПЭ экстракцией аминами из концентрированных нитратных растворов.

В настоящее время в литературе практически отсутствуют данные по взаимному влиянию лантаноидов, актиноидов и комплексообразующих агентов в широком интервале их концентраций на селективность экстракции аминами.

Нами предпринята попытка оценить влияние концентраций ЭДТА или ДТПА и нитратов церия и европия на эффективность разделения прометия, европия, церия и америция.

Метод математического планирования эксперимента позволяет найти оптимальные условия процесса разделения при минимальном количестве опытов -6]. Особенно эффективно его применение для многокомпонентных систем. В представленной работе планирование эксперимента проводилось методом Бокса-Уилсона.

В качестве независимых переменных рассматривались факторы: x_1 — логарифм концентрации нитрата церия (III) в водном растворе; x_2 — логарифм концентрации нитрата европия в водном растворе; x_3 или x_3' *) — логарифм концентрации ЭДТА или ДТПА в водном растворе.

*) Значение со штрихом для системы с ДТПА.

Параметрами оптимизации служили:

Y_1 и Y_1' — фактор разделения церия (III) и америция (III) ($S_{Ce/Am}$);

Y_2 и Y_2' — фактор разделения америция (III) и европия ($S_{Am/Eu}$);

Y_3 и Y_3' — фактор разделения прометия и америция (III) ($S_{Pm/Am}$);

Y_4 и Y_4' — фактор разделения церия (III) и прометия ($S_{Ce/Pm}$);

Y_5 и Y_5' — фактор разделения прометия и европия ($S_{Pm/Eu}$);

Y_6 и Y_6' — фактор разделения церия (III) и европия ($S_{Ce/Eu}$).

Факторы разделения (S) расчитывались как отношение коэффициентов распределения (D) соответствующих элементов.

Распределение америция (III), прометия, европия и церия (III) между фазами изучалось с помощью метода

Табл. 1. Условия, матрица планирования и результаты опытов полного факторного эксперимента в присутствии ЭДТА

Условия и номер эксперимента	x_1	x_2	x_3
Основной уровень, x_{0i}	—3	—3	—3
Интервал варьирования, Δx_i	1	1	1
Верхний уровень (+)	—2	—2	—2
Нижний уровень (—)	—4	—4	—4

Кодированные значения переменных	X_1	X_2	X_3	Y_1 эксп.	Y_1 теор.	Y_2 эксп.	Y_2 теор.	Y_3 эксп.	Y_3 теор.	Y_4 эксп.	Y_4 теор.	Y_5 эксп.	Y_5 теор.	Y_6 эксп.	Y_6 теор.
Опыт № 1	+	+	+	1,6	1,60	3,6	3,70	0,67	0,669	2,4	2,36	2,4	2,40	5,8	5,80
№ 2	+	+	—	0,95	0,94	2,2	2,30	0,71	0,711	1,4	1,36	1,6	1,60	2,1	2,10
№ 3	+	—	+	90	90,00	1,25	1,28	10	9,999	8,9	8,92	12	11,99	110	110,00
№ 4	+	—	—	0,95	0,94	1,8	1,84	1,05	1,049	0,92	0,96	1,9	1,90	1,7	1,70
№ 5	—	+	+	1,5	1,50	3,8	3,70	1,8	1,801	0,80	0,84	6,6	6,60	5,5	5,50
№ 6	—	+	—	0,72	0,72	2,4	2,30	1,5	1,499	0,48	0,52	3,6	3,60	1,7	1,72
№ 7	—	—	+	3,8	3,82	2,0	2,00	0,65	0,651	5,8	5,76	1,3	1,30	7,5	7,50
№ 8	—	—	—	2,0	2,00	1,15	1,12	1,1	1,101	1,8	1,76	1,3	1,30	2,3	2,32

Табл. 2. Условия, матрица планирования и результаты опытов полного факторного эксперимента в присутствии ДТПА

Условия и номер эксперимента	x_1	x_2	x_3
Основной уровень, x_{0i}	—3	—3	—3
Интервал варьирования, Δx_i	1	1	1
Верхний уровень (+)	—2	—2	—2
Нижний уровень (—)	—4	—4	—4

Кодированные значения переменных	X_1	X_2	X_3'	Y_1' эксп.	Y_1' теор.	Y_2' эксп.	Y_2' теор.	Y_3' эксп.	Y_3' теор.	Y_4' эксп.	Y_4' теор.	Y_5' эксп.	Y_5' теор.	Y_6' эксп.	Y_6' теор.
Опыт № 1	+	+	+	22	21,8	0,61	0,80	10	10,0	2,0	2,03	6,4	6,4	13	14
№ 2	+	+	—	14	14,0	1,2	1,20	17	17,0	0,8	0,77	21	21,0	18	18
№ 3	+	—	+	66	66,4	2,4	2,42	34	34,0	2,0	2,03	83	83,0	160	160
№ 4	+	—	—	8,2	8,2	0,70	0,70	1,0	8,6	8,6	0,97	6,0	6,0	6,2	4
№ 5	—	+	+	12	11,8	1,1	1,10	12	12,0	1,0	1,03	13	13,2	14	14
№ 6	—	+	—	5,0	5,2	1,2	1,22	6,0	6,2	0,8	0,77	7	7,0	6,0	6
№ 7	—	—	+	74	74,0	11	11,00	4,0	4,0	19,0	19,03	45	45,0	800	800
№ 8	—	—	—	50	49,8	0,63	0,64	12	12,2	4,1	4,09	8	8,0	32	32

радиоактивных индикаторов. В работе были использованы $^{241,243}Am$, ^{147}Pm, ^{152}Eu, и ^{144}Ce. Радиохимическая чистота изотопов определялась по β- и α-спектрам. Измерение активности ^{147}Pm, ^{152}Eu и ^{144}Ce производилось по β-активности, а $^{241,243}Am$ по α-активности на проточном 4П-пропорциональном счетчике.

В качестве экстрагента в работе применялся 0,2 *M* раствор нитрата три-н-октиламина (ТОА) в р-кислоте.

Водный раствор во всех случаях содержал 7,5 *M* нитрата лития, индикаторные количества америция и прометия, этилендиаминтетрауксусную или диэтилентриаминпентауксусную кислоту и нитраты церия и европия. Концентрация ЭДТА, ДТПА, нитратов церия и европия в процессе исследования изменялась в интервале от 10^{-1} до 10^{-6} *M*; pH водного раствора при экстракции поддерживался в пределах 2,5 ± 0,1.

Коэффициенты поглощения β-частиц в нитрате лития определялись в предварительных опытах.

При изучении экстракции америция из водной фазы отбирали в пробирку 0,1 *мл* раствора, добавляли 0,9 *мл* (до 1 *мл*) уксусно-ацетатного буфера (pH 5,13) и 0,5 *мл* 0,5 *M* раствора теноилтрифторацетона (ТТА) в бензоле. После 40 минут экстракции (время, достаточное для установления равновесия) отбирали 0,05 *мл* ТТА на подложку и измеряли на α-активность.

На первом этапе работы, предварительно, в области концентраций 10^{-2}—10^{-4} *M* был проведен полный факторный эксперимент типа 2^3. Условия полного факторного эксперимента, матрица планирования и результаты опытов приведены в табл. 1 и 2.

Как видно из табл. 1 и 2 разделение исследованных элементов в присутствии ДТПА эффективнее.

На основании результатов полного факторного эксперимента были вычислены коэффициенты регрессии, которые представлены в табл. 3 и 4 экстракционных для систем с ЭДТА и ДТПА соответственно.

Для расчета коэффициентов регрессии были использованы следующие формулы [6]:

$$b_0 = \frac{1}{N} \sum_{j=1}^{N} Y_j \qquad (1)$$

$$b_i = \frac{1}{N} \sum_{j=1}^{N} X_{ji} Y_j \qquad (2)$$

$$b_{lm} = \frac{1}{N} \sum_{j=1}^{N} X_{jl} X_{jm} Y_j \qquad \text{где } (l \neq m) \qquad (3)$$

Здесь N — число опытов полного факторного эксперимента;
j — номер опыта;
i, l, m — номера факторов.

Принято считать, что коэффициент регрессии значим, если выполняется условие:

$$|b| \geq S_b \cdot t \qquad (4)$$

Табл. 3. Коэффициенты эмпирической регрессии и ошибки в их определении для экстракционной системы с ЭДТА

	Y_1	Y_2	Y_3	Y_4	Y_5	Y_6
b_0	12,69	2,28	2,185	2,81	3,84	17,08
b_1	10,68	—0,06*)	0,922	0,59	0,64	12,82
b_2	—11,50	0,72	—1,015	—1,54	—0,29	—13,30
b_3	11,54	0,39	1,095	1,66	1,74	15,12
b_{12}	—10,60	—0,038*)	—1,042	0,04*)	—2,19	—12,65
b_{13}	10,89	—0,18	1,132	0,58	0,99	12,88
b_{23}	—11,18	0,31	—1,030	—1,33	—0,79	—13,25
b_{123}	—10,92	0,18	—1,218	—0,41	—1,54	—12,90
$S_{\bar{y}}^2$	0,0319	0,0317	0,000466	0,00911	0,0264	0,0126
S_b	0,063	0,063	0,0076	0,034	0,057	0,040

*) коэффициенты регрессии не значимы.

Табл. 4. Коэффициенты эмпирической регрессии и ошибки в их определении для экстракционной системы с ДТПА

	Y'_1	Y'_2	Y'_3	Y'_4	Y'_5	Y'_6
b'_0	31,4	2,36	13,0	3,84	23,7	131
b'_1	—3,8	—1,13	4,4	—2,39	5,4	—82
b'_2	—18,2	—1,33	—1,7	—2,69	—11,8	—118
b'_3	12,1	1,42	2,0	2,19	13,2	116
b'_{12}	8,5	1,00	—2,2	2,64	—3,6	85
b'_{13}	4,4	—1,14	2,6	—1,61	2,4	—78
b'_{23}	—8,5	—1,60	—2,3	—1,81	—15,3	—115
b'_{123}	—4,1	1,02	—5,8	1,86	—7,6	75
$S_{\bar{y}}'^2$	6,825	0,00821	0,446	0,0201	1,080	154,306
S'_b	0,92	0,032	0,24	0,050	0,37	4,4

где t — значение критерия Стьюдента;
S_b — дисперсия коэффициента регрессии, которая расчитывается по формуле:

$$S_b^2 = \frac{S_y^2}{N} \qquad (5)$$

Учитывая значимость коэффициентов регрессии, разделение элементов в исследованной области концентраций можно описать следующими уравнениями (уравнения 6—11 — для ЭДТА; 12—17 — для ДТПА):

$$S_{Ce/Am} = Y_1 = 12{,}69 + 10{,}68X_1 - 11{,}50X_2 + 11{,}54X_3 - 10{,}60X_1X_2 + 10{,}89X_1X_3 - 11{,}18X_2X_3 - 10{,}92X_1X_2X_3 \qquad (6)$$

$$S_{Am/Eu} = Y_2 = 2{,}28 + 0{,}72X_2 + 0{,}39X_3 - 0{,}18X_1X_3 + 0{,}31X_2X_3 + 0{,}18X_1X_2X_3 \qquad (7)$$

$$S_{Pm/Am} = Y_3 = 2{,}185 + 0{,}922X_1 - 1{,}015X_2 + 1{,}095X_3 - 1{,}402X_1X_2 + 1{,}132X_1X_3 - 1{,}030X_2X_3 - 1{,}218X_1X_2X_3 \qquad (8)$$

$$S_{Ce/Pm} = Y_4 = 2{,}81 + 0{,}59X_1 - 1{,}54X_2 + 1{,}66X_3 + 0{,}58X_1X_3 - 1{,}33X_2X_3 - 0{,}41X_1X_2X_3 \qquad (9)$$

$$S_{Pm/Eu} = Y_5 = 3{,}84 + 0{,}64X_1 - 0{,}29X_2 + 1{,}74X_3 - 2{,}19X_1X_2 + 0{,}99X_1X_3 - 0{,}79X_2X_3 - 1{,}54X_1X_2X_3 \qquad (10)$$

$$S_{Ce/Eu} = Y_6 = 17{,}08 + 12{,}82X_1 - 13{,}30X_2 + 15{,}12X_3 - 12{,}65X_1X_2 + 12{,}88X_1X_3 - 13{,}25X_2X_3 - 12{,}90X_1X_2X_3 \qquad (11)$$

$$S'_{Ce/Am} = Y'_1 = 31{,}4 - 3{,}8X_1 - 18{,}2X_2 + 12{,}1X'_3 + 8{,}5X_1X_2 + 4{,}4X_1X'_3 - 8{,}5X_2X'_3 - 4{,}1X_1X_2X'_3 \qquad (12)$$

$$S'_{Am/Eu} = Y'_2 = 2{,}36 - 1{,}13X_1 - 1{,}33X_2 + 1{,}42X'_3 + 1{,}00X_1X_2 - 1{,}14X_1X'_3 - 1{,}60X_2X'_3 + 1{,}02X_1X_2X'_3 \qquad (13)$$

$$S'_{Pm/Am} = Y'_3 = 13{,}0 + 4{,}4X_1 - 1{,}7X_2 + 2{,}0X'_3 - 2{,}2X_1X_2 + 2{,}6X_1X'_3 - 2{,}3X_2X'_3 - 5{,}8X_1X_2X'_3 \qquad (14)$$

Табл. 5. Оптимизация разделения прометия и америция (III) методом крутого восхождения в присутствии ЭДТА

Условия и номер опыта	x_1	x_2	x_3	X_1	X_2	X_3	$\bar{Y}$ эксп.	Y теор.
Центр плана	—3	—3	—3	0	0	0	2,1	2,18
Интервал варьирования				1	1	1		
Шаг движения				0,21	—0,23	0,25		
	Крутое восхождение							
Опыт № 1	—2,79	—3,23	—2,75	0,21	—0,23	0,25	2,6	3,09
№ 2	—2,58	—3,46	—2,50	0,42	—0,46	0,50	2,9	4,45
№ 3	—2,37	—3,69	—2,25	0,63	—0,69	0,75	2,9	6,36
№ 4	—2,16	—3,92	—2,00	0,84	—0,92	1,00	3,8	8,91
№ 5	—1,95	—4,15	—1,75	1,05	—1,15	1,25	8,7	12,19
№ 6	—1,74	—4,38	—1,50	1,26	—1,38	1,50	17	16,18
№ 7	—1,53	—4,61	—1,25	1,47	—1,61	1,75	20	21,27
№ 8	—1,32	—4,84	—1,00	1,68	—1,84	2,00	14	27,25
№ 9	—1,11	—5,07	—0,75	1,89	—2,07	2,25	8,4	34,31

Табл. 6. Оптимизация разделения церия (III) и америция (III) методом крутого восхождения в присутствии ДТПА

Условия и номер опыта	x_1	x_2	x'_3	X_1	X_2	X'_3	$\bar{Y}'_{эксп.}$	$Y'_{теор.}$
Центр плана	—3	—3	—3	0	0	0	28	31,4
Интервал варьирования				1	1	1		
Шаг движения				—0,05	—0,25	0,19		
	Крутое восхождение							
Опыт № 1	—3,05	—3,25	—2,81	—0,05	—0,25	0,19	30	39,6
№ 2	—3,10	—3,50	—2,62	—0,10	—0,50	0,38	36	47,3
№ 3	—3,15	—3,75	—2,43	—0,15	—0,75	0,57	61	58,6
№ 4	—3,20	—4,00	—2,24	—0,20	—1,00	0,76	70	66,4
№ 5	—3,25	—4,25	—2,05	—0,25	—1,25	0,95	80	80,6
№ 6	—3,30	—4,50	—1,86	—0,30	—1,50	1,14	90	92,6
№ 7	—3,35	—4,75	—1,67	—0,35	—1,75	1,33	100	100,0
№ 8	—3,40	—5,00	—1,48	—0,40	—2,00	1,52	80	112,7
№ 9	—3,45	—5,25	—1,29	—0,45	—2,25	1,71	56	131,9
№ 10	—3,50	—5,50	—1,10	—0,50	—2,50	1,90	41	145,9

$$S'_{Ce/Pm} = Y'_4 = 3{,}84 - 2{,}39X_1 - 2{,}69X_2 + 2{,}19X'_3 + 2{,}64X_1X_2 - 1{,}61X_1X'_3 - 1{,}81X_2X'_3 + 1{,}86X_1X_2X'_3 \quad (15)$$

$$S'_{Pm/Eu} = Y'_3 = 23{,}7 + 5.4X_1 - 11{,}8X_2 + 13{,}2X'_3 - 3{,}6X_1X_2 + 2{,}4X_1X'_3 - 15{,}3X_2X'_3 - 7.6X_1X_2X'_3 \quad (16)$$

$$S'_{Ce/Eu} = Y'_6 = 131 - 82X_1 - 118X_2 + 116X'_3 + 85X_1X_2 - 78X_1X'_3 - 115X_2X'_3 + 75X_1X_2X'_3 \quad (17)$$

Расчитанные из этих уравнений теоретические значения Y_i приведены в табл. 1 и 2.

Дальнейшую оптимизацию процесса производили методом крутого восхождения.

В качестве примера в табл. 5 приведены результаты оптимизации разделения прометия и америция (III) методом крутого восхождения в присутствии ЭДТА, а в табл. 6 — результаты оптимизации разделения церия (III) и америция (III) в присутствии ДТПА.

На разделение прометия и америция(III) примерно одинаково воздействуют все три фактора (см. уравнение 8). Несколько большее влияние на увеличение $S_{Pm/Am}$ оказывает возрастание концентрации ЭДТА.

Методом крутого восхождения удалось существенно увеличить разделение прометия и америция. Максимальное значение $S_{Pm/Am}$ равно 20. Увеличение концентрации ЭДТА и уменьшение нитрата европия более резко влияет на уменьшение коэффициента распределения америция в интервале $3 \cdot 10^{-1}$—$3{,}1 \cdot 10^{-2}$. D_{Pm} меняется от $6{,}3 \cdot 10^{-1}$ до $2 \cdot 10^{-1}$. Это различие связано с большей устойчивостью комплексов америция (III) с ЭДТА, чем этих же комплексов прометия.

Из уравнения 12 видно, что b'_2 для Y'_1 является наибольшим. Это говорит о том, что влияние переменной X_2 является более существенным на разделение церия (III) и америция (III). Влияние X_1 минимально.

Концентрация ДТПА при крутом восхождении увеличивалась с 10^{-3} до $8 \cdot 10^{-2}$ *M*, концентрация нитрата европия уменьшалась с 10^{-3} до $3 \cdot 10^{-6}$ *M*, а нитрата церия с 10^{-3} до $3 \cdot 10^{-4}$ *M*.

Коэффициент распределения церия уменьшается с 2,9 до 1,4 с уменьшением концентрации нитрата европия и увеличением концентрации ДТПА. Снижение коэффициента распределения америция более выражено,

Табл. 7. Максимальные полученные значения факторов разделения, условия, в которых они получены, и коэффициенты распределения в экстракционной системе с ЭДТА

Факторы разделения пар	Значение фактора	D_I	D_{II}	Концентрация нитрата церия (M)	Концентрация нитрата европия (M)	Концентрация ЭДТА (M)
Церий (III)-америций (III)	138	2,9	$2{,}1 \cdot 10^{-1}$	$2{,}4 \cdot 10^{-2}$	$3{,}2 \cdot 10^{-5}$	$3{,}2 \cdot 10^{-2}$
америций (III)-европий	5,0	1,2	$2{,}4 \cdot 10^{-1}$	10^{-3}	$3{,}2 \cdot 10^{-2}$	$2{,}1 \cdot 10^{-2}$
прометий-америций (III)	20	$7{,}1 \cdot 10^{-1}$	$3{,}5 \cdot 10^{-2}$	$3{,}0 \cdot 10^{-2}$	$2{,}5 \cdot 10^{-5}$	$5{,}6 \cdot 10^{-2}$
церий (III)-прометий	9	1,6	$1{,}7 \cdot 10^{-1}$	$4{,}3 \cdot 10^{-3}$	$2{,}1 \cdot 10^{-5}$	$5{,}6 \cdot 10^{-2}$
прометий-европий	12,5	$3{,}4 \cdot 10^{-1}$	$2{,}7 \cdot 10^{-2}$	$7{,}9 \cdot 10^{-3}$	$4{,}4 \cdot 10^{-4}$	$1{,}8 \cdot 10^{-1}$
церий (III)-европий	205	2,01	$9{,}8 \cdot 10^{-3}$	$1{,}8 \cdot 10^{-2}$	$4{,}8 \cdot 10^{-5}$	$3{,}2 \cdot 10^{-2}$

Табл. 8. Максимальные полученные значения факторов разделения, условия, в которых они получены, и коэффициенты распределения в экстракционной системе с ДТПА

Факторы разделения пар	Значение фактора	D'_I	D'_{II}	Концентрация нитрата церия (M)	Концентрация нитрата европия (M)	Концентрация ДТПА (M)
Церий (III)-америций (III)	100	1,6	$1{,}6 \cdot 10^{-2}$	$4{,}5 \cdot 10^{-4}$	$1{,}8 \cdot 10^{-5}$	$2{,}1 \cdot 10^{-2}$
америций (III)-европий	12	$7{,}4 \cdot 10^{-2}$	$6{,}1 \cdot 10^{-3}$	10^{-4}	$7{,}1 \cdot 10^{-5}$	$1{,}8 \cdot 10^{-2}$
прометий-америций (III)	35	1,9	$5{,}4 \cdot 10^{-2}$	$5{,}6 \cdot 10^{-2}$	$2{,}3 \cdot 10^{-4}$	$6{,}9 \cdot 10^{-3}$
церий (III)-прометий	30	3,6	$1{,}2 \cdot 10^{-1}$	$2{,}5 \cdot 10^{-5}$	$1{,}8 \cdot 10^{-5}$	$2{,}5 \cdot 10^{-2}$
прометий-европий	112	1,35	$1{,}2 \cdot 10^{-2}$	$2{,}0 \cdot 10^{-3}$	$2{,}2 \cdot 10^{-4}$	$5{,}6 \cdot 10^{-3}$
церий (III)-европий	890	4,3	$4{,}8 \cdot 10^{-3}$	$1{,}3 \cdot 10^{-4}$	$5{,}6 \cdot 10^{-5}$	$1{,}6 \cdot 10^{-2}$

чем для церия. D'_{Am} при крутом восхождении изменяется от 0,10 до 0,016.

Максимальное полученное значение фактора разделения 100 удалось достичь при концентрации нитрата церия $4{,}5 \cdot 10^{-4}$ *M*, нитрата европия —$1{,}8 \cdot 10^{-5}$ *M*, ДТПА —$2{,}1 \cdot 10^{-2}$ *M*.

Аналогичным образом, используя уравнения (6—17), были определены области оптимальных концентраций всех изученных пар разделяемых элементов. Коэффициенты распределения соответствующих элементов и факторы разделения в этих условиях приведены в табл. 7 и 8.

Можно отметить, что использование ДТПА для разделения исследованных элементов эффективнее во всех случаях, кроме разделения пары Ce(III)—Am(III).

Наибольшее значение полученного фактора разделения для пары церий-европий обусловлено, по-видимому, максимальной разницей констант устойчивости комплексов данных элементов с ДТПА и ЭДТА.

Выводы

1. Исследовано влияние концентраций ЭДТА, ДТПА, нитратов церия и европия на экстракционное выделение и разделение америция (III), церия (III), прометия и европия 0,2 *M* раствором нитрата три-н-октиламина в р-ксилоле из концентрированных растворов нитрата лития.

2. Методом Бокса-Уилсона определены оптимальные условия разделения пар: церий-америций ($S = 140$ и 100 в присутствии ЭДТА и ДТПА соответственно), америций-европий ($S = 5$ и 12), прометий-америций ($S = 20$ и 35), церий-прометий ($S = 9$ и 30), прометий-европий ($S = 12$ и 112), церий-европий ($S = 200$ и 890).

Поступила в редакцию 12/VI, 1979 г.

Литература

[1] *Н. М. Дятлова, В. Я. Темкина, И. Д. Колпакова*, в кн. „Комплексоны". „Химия", М., 1970

[2] *V. P. Shvedov, A. A. Kopyrin, V. D. Demidov,* Isotopenpraxis **12** 1976) 429

[3] *А. А. Копырин, В. Д. Мурашов, В. П. Шведов*, в сб. „Конференция по аналитической химии радиоактивных элементов. Тезисы докладов". „Наука", М., 1977

[4] *А. А. Копырин, В. Д. Мурашов, В. П. Шведов*, в сб. „Исследования по химии, технологии и применению радиоактивных веществ. Межвузовский сборник трудов", Л., 1977

[5] *А. А. Копырин, В. Д. Демидов, В. П. Шведов*, в сб. „Новые исследования по химии и технологии радиоактивных веществ. Сборник трудов. Выпуск I", Л., 1975

[6] *С. Н. Саутин*, „Планирование эксперимента в химии и химической технологии". „Химия", Л., 1975

Kurze Originalmitteilungen

Nachweis von DNS-Strahlenschäden mit Hilfe von ^3H- bzw. ^{14}C-Markierung und LS-Messung*)

G. Kampf

(Zentralinstitut für Molekularbiologie der AdW der DDR, Außenstelle im ZfK Rossendorf)[1])

(C11) INIS DESCRIPTORS:

alpha beams; biological radiation effects; carbon 14; cobalt 60; DNA; fast neutrons; fibroblasts; gamma radiation; hamsters; labelled compounds; let; lungs; oxygen; radiation doses; strand breaks; survival curves; thymidine; tracer techniques; tritium compounds; X radiation

Einleitung

Es gilt heute als sicher, daß die DNS die empfindliche Substanz ist, die nach Einwirkung energiereicher Strahlung auf einen Organismus oder eine Zelle für Schäden wie Chromosomenaberrationen, Transformation oder gar für die Inaktivierung der Zellen, also für ihren reproduktiven Tod, verantwortlich ist. Bei der Suche nach der Manifestierung der Schäden auf molekularer Ebene wurde gefunden, daß nach Strahleneinwirkung folgende Schäden an der DNS auftreten: Brüche der DNS-Stränge, Vernetzungs- und Basenschäden. Diese Schäden werden z. T. auch durch eine Reihe chemischer Agentien, z. B. durch alkylierende Substanzen, hervorgerufen.

Am besten untersucht sind bisher die Strangbrüche. Insbesondere seit der Einführung einer Untersuchungsmethode, bei der die DNS mechanisch nicht geschädigt wird [1], sind die Experimente auf diesem Gebiet stark angewachsen. Die Strangbrüche erfolgen nach Energieabsorption in der DNS-Doppelhelix an den Zucker-Phosphat-Bindungen, und zwar häufiger an der $3'$-PO_4-Position und weniger häufig an der $5'$-PO_4-Position [2] (Abb. 1). Wird nur ein Strang durch eine Energieabsorption gebrochen, so handelt es sich um einen Einstrangbruch (ESB), werden beide Stränge an gegenüberliegenden Stellen durch eine oder mehrere Energieabsorptionen gebrochen, so entsteht ein Doppelstrangbruch (DSB).

Die Anzahl der durch Strahlung induzierten Strangbrüche ist abhängig von der absorbierten Energiedosis, von der Ionisationsdichte (LET) der angewendeten Strahlung und vom Sauerstoffgehalt in der DNS-Umgebung.

Die Bedeutung der DNS-Strangbrüche für die Zelle bzw. den Organismus ist in den letzten Jahren viel diskutiert worden [3—6], und die heute gültige Ansicht ist die, daß ESB nur in seltenen Fällen, DSB aber häufig mutationsauslösende oder Letalschäden darstellen. Strangbrüche können auch repariert werden: die Reparatur der ESB geht sehr schnell (innerhalb von Minuten) und sehr effektiv vor sich [7], die Reparatur von DSB dagegen dauert Stunden [8—10]. Im folgenden soll über den Nachweis der Erzeugung von DNS-Strangbrüchen durch Röntgen- bzw. Gammastrahlung, Alphapartikel und schnelle Neutronen berichtet werden

*) Vortrag, vorgelegt auf der 2. Internationalen Tagung „Nukleare Analysenverfahren", 19.—23. 3. 1979, Dresden (DDR).

[1]) Anschrift: 8051 Dresden, PF 19

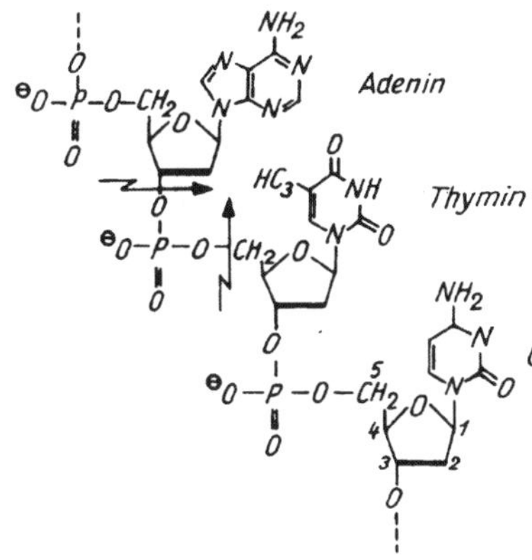

Abb. 1. Bruchinduktionsstellen durch ionisierende Strahlung in einem DNS-Strang

Methodik

Der Nachweis der DNS-Strangbrüche erfolgt durch Sedimentation in einem linearen 5—20%igen Saccharosegradienten in der Ultrazentrifuge. Nach der Einwirkung von Strahlung entstehen verschieden große Bruchstücke, die entsprechend ihrem Molekulargewicht im Gradienten sedimentieren und bei genügend großer Anzahl der Brüche eine statistische Verteilung der Molekulargewichte aufweisen.

Die DNS von Bakteriophagen, Bakterien oder Eukaryotenzellen wird für diese Untersuchungen mit ^{3}H- oder ^{14}C-Thymidin markiert. Für unsere Experimente wurden Lungenfibroblasten des chinesischen Hamsters (V 79/4) verwendet. Nach der Markierung (18 h, 5 μCi ^{3}H/ml oder 1 μCi ^{14}C/ml Nährmedium) wurden die Zellen mit ^{60}Co-Gamma- bzw. Röntgenstrahlung, Alphapartikeln (LET 33 und 66 keV/μm) und schnellen Neutronen (6 MeV), die am Rossendorfer Zyklotron erzeugt wurden, bestrahlt. Sofort nach der Bestrahlung werden die Zellen auf Trokkeneis in Pellets zu 0,1 ml Zellsuspension mit etwa $3 \cdot 10^4$ Zellen (das entspricht 0,2 µg DNS) eingefroren und können innerhalb der nächsten Tage aufgearbeitet werden. Dabei ist zu beachten, daß auch die eingebauten radioaktiven Nuklide Brüche in der DNS erzeugen. Vor der Sedimentation werden die Zellen direkt auf dem Gradienten in einem detergentienhaltigen Medium lysiert. Dadurch wird ihre DNS ohne Isolationsprozedur freigesetzt. Die Sedimentation erfolgte für ESB im alkalischen Gradienten bei 30000 U/min, für DSB im neutralen Gradienten bei 9000 U/min. Nach dem Zentrifugieren wird der Gradient mittels eines automatischen Probenwechslers in 36 Fraktionen auf Filterblättchen von 20—22 mm Durchmesser aufgetropft, die im LS-Zählgerät gemessen werden. Die graphische Darstellung der Meßwerte über den Fraktionszahlen liefert Aktivitätsverteilungen, aus denen, wenn sie statistisch sind, die mittleren Molekulargewichte (M_n) der gebrochenen DNS ermittelt werden können. Bei Verwendung spezieller Lysemedien und einer Dichtestufe im Gradienten können mehrere DNS-Komponenten voneinander getrennt werden: DNS-Verbindungen mit dem Kernmembrankomplex und freie DNS [11, 12].

Ergebnisse und Diskussion

Trotz unterschiedlicher Strahlenempfindlichkeit der einzelnen Organismen ist die physiko-chemische Strahlenempfindlichkeit der DNS etwa die gleiche, d. h., die unterschiedliche Empfindlichkeit der Organismen ist zurückzuführen auf den DNS-Gehalt des Organismus bzw. der Zellen und auf ihre Reparaturfähigkeit.

Die Induktion von DNS-Strangbrüchen durch Strahlung zeigt eine lineare Abhängigkeit von der absorbierten Energiedosis [13], es kann also für jede Strahlenart eine Bruchrate berechnet werden. Abb. 2 zeigt die Zahl von DSB (dargestellt durch $1/M_n$) nach Bestrahlung von Zellen des chinesischen Hamsters mit ^{60}Co-Gamma- bzw. Röntgenstrahlung, Alphapartikeln (LET = 66 keV/μm) und schnellen Neutronen. Mit zunehmender Ionisationsdichte der Strahlung wächst die Zahl der induzierten DSB pro Dosiseinheit (Abb. 2 und 3), die Zahl der ESB nimmt jedoch ab (Abb. 3). So sind Alphapartikel mit einem LET von 66 keV/μm 1,8 mal, schnelle Neutronen sogar 2,6 mal effektiver in der Induktion von DSB als Röntgen- oder Gammastrahlung. Neutronen sind auch außergewöhnlich effektiv in der Heraustrennung von DNS-Stücken aus dem DNS-Kernmembrankomplex [12].

Das Verhältnis von ESB zu DSB beträgt nach Röntgen- oder Gammabestrahlung etwa 50, nach Neutronenbestrahlung aber nur noch 20. Die Ursache für diese Unterschiede liegt in dem unterschiedlichen Verteilungsmuster der Absorptionsereignisse nach Einwirkung der verschiedenen Strahlenarten.

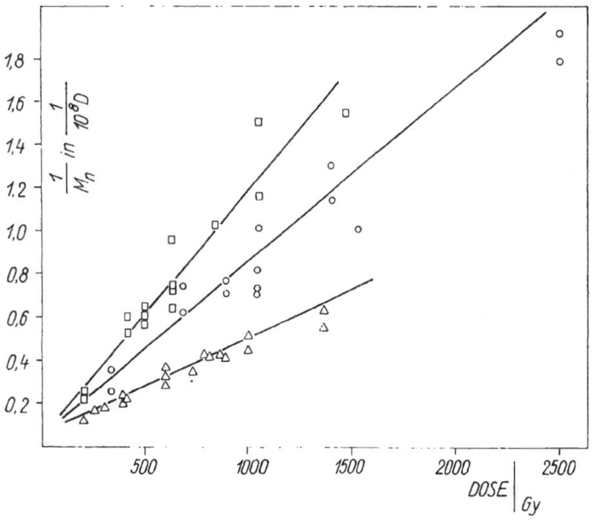

Abb. 2. Darstellung der reziproken Werte des Zahlenmittels (M_n) der Doppelstrang-DNS-Molekulargewichte nach Bestrahlung von Hamsterfibroblasten mit Röntgen- oder Gammastrahlung (△), Alphapartikeln (LET 66 keV/µm; ○) und schnellen Neutronen (□)

Die Neigungen der Geraden entsprechen den DSB-Raten. D = Dalton.

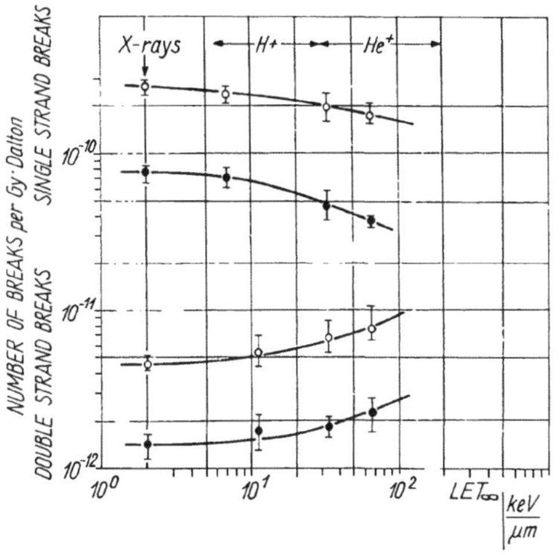

Abb. 3. Induktion von ESB und DSB in die DNS von Hamsterzellen in Abhängigkeit von der Ionisationsdichte (LET) der Strahlung

○ = in Gegenwart von Sauerstoff, ● = unter extrem hypoxischen Bedingungen bestrahlt

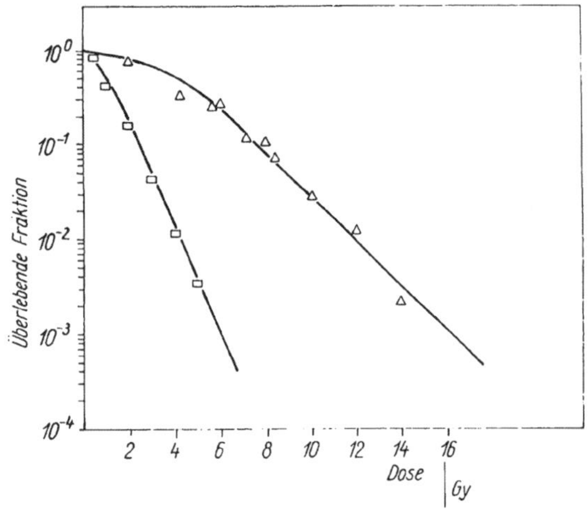

Abb. 4. Überlebenskurven von Hamsterzellen nach Bestrahlung mit Röntgenstrahlung (△) und schnellen Neutronen (□); aus [14].

Die Reihenfolge der von uns gefundenen DSB-Raten stimmt mit der Reihenfolge der Wirksamkeit der untersuchten Strahlenarten auf das Überleben der Hamsterzellen überein [13]. In Abb. 4 sind Überlebenskurven der Zellen nach Röntgen- und Neutronenbestrahlung dargestellt. Die Neutronen sind wesentlich wirksamer hinsichtlich der Zellabtötung. Eine weitere Übereinstimmung mit der Reihenfolge der DSB-Raten zeigt sich in der Wirksamkeit von Röntgen- und Gammastrahlung bezüglich der induzierten Chromosomenaberrationen [14]. Diese in unserem Institut gefundenen Zusammenhänge zwischen DSB-Raten, Chromosomenaberrationen und Zellinaktivierung unterstützen die Ansicht, daß DNS-DSB — möglicherweise über den Mechanismus der DNS-Heraustrennung aus dem Kernmembrankomplex — Letalschäden für die Zelle sein können. Daher haben diese Untersuchungen Bedeutung für den Strahlenschutz und für die Tumortherapie mit dichtionisierenden Strahlungen.

Bisher ist keine andere Methode als die der DNS-Markierung und der LS-Messung für derartige Untersuchungen geeignet, da alle anderen DNS-Nachweismethoden viel mehr Analysenmaterial erfordern. Dieses wird aber durch die Zentrifugationstechnik begrenzt; bei zu hoher DNS-Konzentration sedimentiert sie nicht entsprechend der Theorie. So ermöglicht es die LS-Messung, Strahlenschäden in Organismen auf molekularer Ebene nachzuweisen.

Eingegangen am 12. 6. 1979

Literatur

[1] *R. A. McGrath, R. W. Williams*, Nature **212** (1966) 534
[2] *A. Bopp, U. Hagen*, Biochim. Biophys. Acta **209** (1970) 320
[3] *C. S. Lange, D. F. Liberman, L. E. Sheck*, Radiat. Research **55** (1973) 529
[4] *M. A. Bender, H. G. Griggs, J. S. Bedford*, Mutat. Research **23** (1974) 197
[5] *C. J. Koch, R. B. Painter*, Radiat. Research **64** (1975) 256
[6] *M. A. Ritter, J. E. Cleaver, C. A. Tobias*, Nature **266** (1977) 653
[7] *I. Körner, K. Günther, W. Malz*, Studia biophysica **70** (1978) 175
[8] *A. Cole, F. Shonka, P. Corry, W. G. Cooper*, in „Molecular Mechanisms for Repair of DNA", Vol. B, ed. *R. B. Setlow* and *P. C. Hanawalt*, Plenum Pub., New York 1975, p. 665
[9] *H. Tuschl, W. Klein, F. Kocsis, B. Kovac, H. Altmann*, Studia biophysica **50** (1975) 55
[10] *G. Kampf, K. Regel, K. Eichhorn, H. Abel*, Studia biophysica **61** (1977) 53
[11] *M. G. Ormerod, A. R. Lehmann*, Biochim. Biophys. Acta **228** (1971) 331
[12] *G. Kampf, K. Regel*, Studia biophysica **73** (1978) 207
[13] *G. Kampf, E. Tolkendorf, K. Regel, H. Abel*, Studia biophysica **62** (1977) 17
[14] *E. Tolkendorf*, Studia biophysica **73** (1978) 91

Aus der Praxis

Anwendung der Neutronenaktivierungsanalyse für die industrielle Gütekontrolle von Halbleitermaterialien*)

(D22) INIS DESCRIPTORS:

impurities; industry; monocrystals; neutron activation analysis; quality control; selenium; semiconductor materials; sensitivity; silicon; thermal neutrons; trace amounts

Einleitung

Die Anwendung der Neutronenaktivierungsanalyse als Verfahren zur Bestimmung von Spurenverunreinigungen in hochreinen Materialien, von Zusammensetzungen bei Mehrkomponentensystemen, von Verteilungen eines Elements in einer andersartigen Matrix und von Umgruppierungen bestimmter Elemente im Verlauf technologischer Teilschritte ist seit langem bekannt und nimmt einen festen Platz vor allem auch in der Halbleitertechnik ein [1, 2]. Die extremen Empfindlichkeitsanforderungen bei der Bestimmung von Mikroverunreinigungen sprechen trotz des relativ hohen Arbeits- und Zeitaufwands oftmals für die Aktivierungsanalyse, zumal die in der letzten Zeit erzielten Fortschritte in der Meßtechnik und bei der rechnergestützten Auswertung einen neuen Qualitätsaspekt bewirkten.

Bisher blieb die Anwendung der Neutronenaktivierungsanalyse fast ausschließlich Institutionen vorbehalten, die örtlich nahe zu ausreichend starken Neutronenquellen gelegen sind und über die notwendigen fachlichen und instrumentellen Voraussetzungen verfügen [3, 4]. Für die Industrie bedeutet das zusätzliche Zeiteinbußen bis zur Ergebnisvorlage sowie Abhängigkeit von durch sie nicht beeinflußbarer Bearbeitungskapazität. Die Einfügung der Aktivierungsanalyse in ein kontinuierliches System der Qualitätskontrolle ist damit aber nicht möglich. Der Ausbau des im VEB Halbleiterwerk Frankfurt (Oder), Betriebsteil Stahnsdorf, vorhandenen Isotopenlabors, das vor 16 Jahren mit der Anwendung der Radiotracertechnik in der Halbleiterindustrie begann, zu einem analytischen Komplex mit Ausrüstung für die Halbleiter-Gammaspektrometrie schuf die Voraussetzungen für die Einführung der Neutronenaktivierungsanalyse in den industriellen Routinebetrieb. Hauptinteressenten an derartigen Analysen sind Betriebe der Halbleiter-Grundmaterialherstellung so-

*) Vortrag, vorgelegt auf der 2. Internationalen Tagung „Nukleare Analysenverfahren", 19.–23. 3. 1979, Dresden (DDR)

wie die eigentlichen Bauelementeentwickler und -produktionsbetriebe.

Experimentelles

Aufgabengebiete für die Neutronenaktivierungsanalyse in der Halbleitertechnik

Bei der Vielfalt der anstehenden Probleme muß die verfügbare Kapazität eines Isotopenlabors der Klasse II auf das Spezifische der radioaktiven Arbeitstechnik konzentriert werden. Es werden nur festumrissene analytische Teilprobleme für die verschiedensten Bereiche der Bauelementeherstellung im Auftragsverfahren bearbeitet, ohne im Labor die Meßergebnisse zu einer Optimierung der Technologie weiterzuverarbeiten. Erst die Proben aus den beim Auftraggeber geänderten Arbeitstechniken gelangen erneut zur Analyse ins Labor.

Die ersten Untersuchungen mit Anwendung der Aktivierungstechnik in unserem Betrieb bezogen sich auf die Ermittlung von Konzentrations-Tiefenprofilen verschiedener diffundierter Dotierungselemente in Silizium, wobei stets nur mit einem Dotierungselement gearbeitet werden konnte. Hier liegen Ergebnisse für die Elemente Arsen, Gallium, Gold und Phosphor vor, die mittels einfacher Zählrohr- oder Szintillationsmeßtechnik gewonnen wurden. Kombinationen von Aktivierungs- und Tracertechnik befaßten sich mit der Untersuchung von Läpp- und Poliervorgängen, Reinigungstechnologien und Schneidprozessen. Mit der Inbetriebnahme eines Vielkanalspektrometers mit Ge(Li)-Detektor ergab sich die Möglichkeit einer Multielementbestimmung, wobei bevorzugt auf Originalproben der jeweiligen Produktionsschritte zurückgegriffen und von Modellversuchen Abstand genommen wird. Hauptrichtungen dieser Untersuchungstechnik sind:

- die Analyse von kompaktem Si-Einkristallmaterial im Rahmen von Typprüfungen und zur Überwachung technologischer Veränderungen bei der Einkristallherstellung;
- die Analyse geläppter, geätzter oder polierter Si-Scheiben im Anlieferungszustand oder nach Bearbeitung in technologischen Teilschritten;
- die Analyse verschiedener Selensorten im Rahmen von Wareneingangskontrollen des Ausgangsmaterials und zur Kontrolle technologischer Verarbeitungsschritte;
- die Analyse von Hilfsmaterialien der Halbleitertechnologie (Quarz, Keramik, Graphit, Chemikalien) auf Spurenverunreinigungen.

Analysenablauf

Die Analysenkörper werden im Labor zusammen mit den Elementestandards (feste Reinstmetalle oder eingedampfte Lösungen) in Quarzampullen verpackt und über die Isocommerz GmbH zum Reaktor des ZfK Rossendorf geschickt. Dort erfolgt die Aktivierung über ca. 115 h bei Silizium- und ca. 90 h bei Selenproben. Diese Aktivierungen laufen entsprechend dem Reaktorregime für Silizium von Dienstag bis Sonnabend einer Woche und von Dienstag bis Mittwoch der folgenden Woche; für Selen wird eine Reaktorperiode von Dienstag bis Sonnabend genutzt. Die Verarbeitung der Proben im Labor beginnt 24 h bzw. 70 h nach Bestrahlungsende. Mit den so anfallenden Aktivitäten kann, bei sinnvoller Aufteilung der Arbeitsgänge auf die Mitarbeiter, hinter einfachen Bleiburgen (5 cm Stärke) in Abzugschränken oder ganz ohne Abschirmung gearbeitet werden. Die maximal zulässigen Dosiswerte werden dabei nicht überschritten.

Siliziumproben von ca. 2 g werden nach einem Ätzabtrag von minimal 50 µm entweder ohne weitere chemische Aufarbeitung gemessen oder nach einem säulenchromatographischen Verfahren in Einzelelement- oder Elementgruppenfraktionen aufgetrennt. Diese Präparate messen wir stufenweise zweimal: nach Abklingen der Matrixaktivität von ^{31}Si über 1 h für die kurzlebigen Nuklide von As, Au, Cu, K, Mo, Na, Sb, W und nach Abklingen der Aktivitäten kurzlebiger Spurenverunreinigungen über 11 h für die langlebigen Nuklide von Ag, Co, Cr, Fe, Sb und Zn. Die Messung selbst erfolgt mit einem Ge(Li)-Detektor von ca. 95 cm^3 aktivem Volumen, angeschlossen an ein 4096-Kanal-Spektrometer mit Meßwertregistrierung auf Lochstreifen. Das System gestattet die Eingabe von für die Auswertung notwendigen Zusatzinformationen per Hand oder über Vorwahlkassetten. Es schaltet nach Ablauf einer vorwählbaren Meßdauer automatisch ab. Die Ausgabe der Informationen erfolgt für das gesamte Spektrum oder nur in begrenzten Energiebereichen, die durch Lichtmarken gekennzeichnet werden [5]. Die anfallenden Datenlochstreifen enthalten alle probenspezifischen Informationen, die für eine quantitative Peakauswertung mit einem Rechner erforderlich sind. Hierzu gehören u. a. Bestrahlungsende, Meßbeginn, Meßdauer, Chargenkennzeichnung, Probenmaterial, -nummer und -gewicht, Meßgeometrie, zugehöriger Nulleffekt. Die Auswertung selbst erfolgt auf der EDVA R 4000 nach zwei Teilprogrammen Aktanal und AKAU, deren Peaksuche und -parameterberechnung im wesentlichen einem von *Barnes* [6] angegebenen Verfahren folgt. Im Ergebnis liegen dann eine Liste mit Konzentrationsangaben für die auch als Standard vorhandenen Elemente und eine Liste mit den Energien und Flächen aller im Spektrum gefundenen Gammapeaks vor. Letztere wird in Zukunft für eine rechnermäßige Nuklididentifizierung weiterverarbeitet. Berechnungskorrekturen werden vorgenommen bei den Elementen Natrium [7] und Kupfer.

Selenproben, vorliegend als Perlen mit $\varnothing < 0{,}25$ cm, werden an der Oberfläche durch Ätzen mit 4 N HNO_3 gereinigt und in konzentrierter HNO_3 gelöst. In aliquoten Mengen von 0,3 g wird aus 8 N HCl durch Kochen unter Rückfluß mit Hydrazinsulfat die Hauptmenge der aktivierten Selenmatrix gefällt. Nach zweimaliger Wiederholung der Fällung unter Zusatz von inaktivem Selenträger (es werden Abreicherungen um den Faktor 10^5 für das Selen erreicht) erfolgt im Filtrat die Bestimmung der Elemente Ag, Au, Cd, Co, Cr, Cu, Fe, K, Na, Zn durch eine Messung über 1 h. Meßwertregistrierung und -auswertung geschehen analog wie beim Silizium.

Die gleichzeitig aktivierten Elementestandards werden gelöst und in aliquoten Mengen als Einzel- oder Mischpräparat in gleicher Geometrie wie die Proben über Zeiten von 200 ... 1000 s gemessen. Ihr Gehalt schwankt zwischen 10^{-10} g bei Gold und 10^{-5} g bei Eisen. Zur Sicherung der Analysenergebnisse wird mit einer Art Statistik der Standardfaktoren gearbeitet, so daß Berechnungen für die im üblichen Programm enthaltenen Elemente mit Hilfe von Mittelwerten auch im Fall ungeeigneter Standards möglich sind.

Die Erfahrungen der letzten Jahre haben den in Abb. 1 dargestellten Rhythmus der Aktivierungen als günstigste Variante ergeben. Besonders wichtig für den Anwender der Analysenergebnisse ist die Zeitdauer bis zum Vorliegen der Werte. Unter optimalen Bedingungen und unter Berücksichtigung der bei der Auftragsbestrahlung vorgeschriebenen Fristen liegen in der 6. Woche nach Anlieferung der Proben durch den Auftraggeber

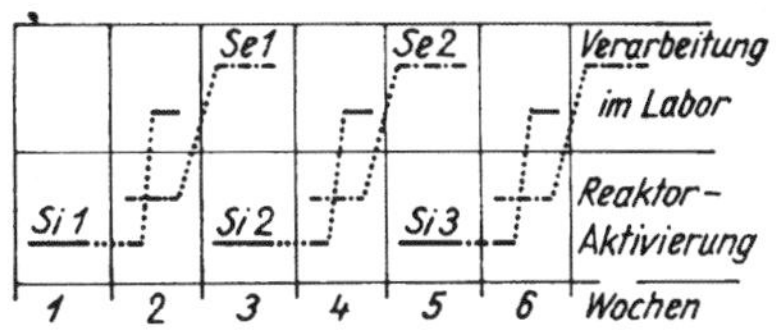

Abb. 1. Optimaler Aktivierungs- und Verarbeitungsrhythmus bei der Halbleiteranalyse

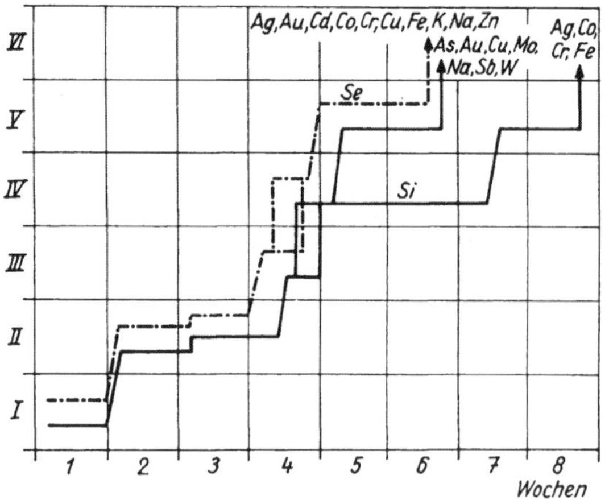

Abb. 2. Zeitlicher Ablauf der Aktivierungsanalyse

I – Probenvorbereitung; II – Reaktor; III – Probenverarbeitung; IV – Messung; V – Auswertung; VI – Ergebnisvorlage

im Isotopenlabor die Analysenwerte für Selen komplett, für Silizium die der kurzlebigen Nuklide vor. Im Lauf der 8. Woche ist dann auch die Siliziumanalyse komplett (Abb. 2). Die Probenzahl in einer Aktivierung wird durch die Halbwertszeit der kurzlebigen Nuklide und durch die für die jeweilige Probenart (Grad des Verunreinigungsgehalts) erforderliche Meßdauer begrenzt. Nach unseren Erfahrungen liegen diese Werte für Siliziumtypprüfungen und für Selenanalysen bei 8. Mit der durchschnittlich nutzbaren Reaktorlaufzeit von 60% ergibt sich unter Berücksichtigung der Pausenzeiten ein maximaler Durchsatz von 34 Aktivierungen, das bedeutet eine Probenzahl von je 135 für Silizium und Selen im Jahr.

Ergebnisse der Routineanalytik

Die Neutronenaktivierungsanalyse mit ihrer hohen Nachweisempfindlichkeit sollte stets nur dann eingesetzt werden, wenn mit anderen zur Verfügung stehenden Analysenverfahren die erforderlichen Nachweisgrenzen nicht erreicht werden. Die mit dem hier beschriebenen aktivierungsanalytischen Verfahren im Routinebetrieb erzielten Nachweisgrenzen werden in Tab. 1 anderen uns zugänglichen Daten gegenübergestellt. Bei den der Literatur entnommenen Werten handelt es sich um die in Einzelbestimmungen, teilweise mit chemischer Abtrennung erzielten höchsten Empfindlichkeiten, die in einem Routinebetrieb nicht erreichbar scheinen. Ein Vergleich mit den bisher ausschließlich für derartige Analysen angewendeten chemischen Verfahren (Spektralanalyse, Polarographie, Kolorimetrie) bringt den Fortschritt durch die Einführung der Neutronenaktivierungsanalyse zum Ausdruck.

Besonders deutlich wird dies an einigen der Selenanalytik entnommenen Werten, die in Tab. 2 zusammengestellt sind. Hier zeigt sich, daß unterhalb der chemischen Nachweisgrenze noch durchaus wesentliche Qualitätsunterschiede auftreten, deren Nachweis auf üblichem Weg bisher nicht möglich war. Allerdings liegen die Gehalte bei Co, Cr, Cu, Fe, Zn oftmals auch unterhalb der Nachweisgrenze der Aktivierungsanalyse. Für den Fall von

Tab. 1. Zusammenstellung der Nachweisgrenzen, 10^{-9} g

Element	chem. Analytik	Aktivierungsanalyse		chem. Analytik	Aktivierungsanalyse	
		HFO	Literatur*)		HFO	Literatur*)
	Matrix Silizium			Matrix Selen		
Ag	0,6	0,2	0,008	17	0,2	0,01
As	50	0,1	0,00008			
Au	400	0,0013	0,000006		0,005	0,001
Co		0,04	0,003		0,6	0,3
Cr		0,28	0,01		12	2
Cu	6,8	0,036	0,002	17	90	0,12
Fe	4	8	1		180	38
K				170	30	
Mo		1,4	0,002			
Na		0,032	0,0002	85	0,3	50
Sb	600	0,017	0,0001			
W		0,05	0,0001			
Zn					30	5

*) Minimalwerte

Tab. 2. Ergebnisse der Selenanalytik, ppm

Element	Nachweisgrenze		Analysenwerte					
	chemisch	NAA						
Ag	0,1	0,02	0,15	0,07	0,05	0,23	0,08	0,75
Au		0,00002	0,0004	0,0001	0,0008	0,004	0,0005	0,026
K	3	0,1	0,5	0,4	1,7	2,6	3,2	9
Na	1,5	0,01	0,9	1	0,06	0,6	1,2	4,55

Gehalten oberhalb der chemischen Nachweisgrenze zeigen sich gute Übereinstimmungen zwischen den Analysenwerten verschiedener Methoden. Die Reproduzierbarkeit der Ergebnisse des Analysenverfahrens kann als gut bezeichnet werden, das Vertrauensintervall der Meßergebnisse liegt für die einzelnen Elemente bei 10 ... 20%. Für den Gleichrichterhersteller interessante Ergebnisse zeigten Analysen von Selen einer Ausgangscharge nach dem Durchlaufen verschiedener Behandlungsschritte. Die dabei beobachtete Anreicherung solcher Elemente wie Ag, Na, K, Fe gab wichtige Hinweise für technologische Veränderungen des Arbeitsablaufs sowie für eine notwendige zusätzliche Vorreinigung des Selens.

Die Spurengehalte in den untersuchten Si-Einkristallen liegen naturgemäß weit unter den Werten des Selens und übersteigen teilweise selbst die günstigeren Nachweisgrenzen nicht (Ag, Au, Mo, W), ein Beispiel dafür bringt Tab. 3. Sehr deutlich zeigt sich auch hier ein Anstieg im Verunreinigungspegel durch die Weiterverarbeitung zur Si-Scheibe, die als Ausgangsmaterial für die Bauelementeherstellung dient. Es wird z. Z. untersucht, inwieweit es sich dabei um nur oberflächlich gebundene Transportverunreinigungen oder um bereits in das Volumen bis zu einer bestimmten Tiefe eingedrungene Verunreinigungen handelt. Einige wichtige Hinweise technologischer Art resultierten aus unseren Untersuchungen besonders bei Schritten der Reinigung und der Diffusion.

Tab. 3. Gehalt an Spurenverunreinigungen in Halbleitermaterialien, ppb

Element	Matrix Silizium	Matrix Selen
Ag	< 0,15	280
As	< 0,02	
Au	< 0,0003	8,3
Cd		4100
Co	0,031	1000
Cr	0,85	10
Cu	17	1600
Fe	61	8100
K		2600
Na	0,65	1160
Sb	< 0,009	
W	< 0,026	
Zn		120

Zusammenfassung

Die hier vorgestellte Anwendung der Neutronenaktivierungsanalyse für die Spurenbestimmung in Halbleitermaterialien hat sich im Routinebetrieb eines Isotopenlabors in der Industrie ohne unmittelbare Nachbarschaft eines Kernreaktors bestens bewährt. Die mit keinem anderen verfügbaren Analysenverfahren erreichbaren Nachweisgrenzen erlauben Materialklassifizierungen im unteren Spurengehaltbereich. Es zeigten sich positive Auswirkungen auf verschiedene technologische Teilschritte der Bauelementeherstellung.

Eingegangen am 12. 6. 1979

J. Dubnack, G. Hänold

VEB Halbleiterwerk Frankfurt (Oder)

Literatur

[1] *H. Schmidt, J. Dubnack*, Probleme der Festkörperelektronik **3** (1971) 179 und 5 (1973) 115
[2] *T. Bereznai, F. De Corte, H. Hoste*, Radiochem. Radioanal. Letters **17** (1974) 219
[3] *E. Szabo*, J. Radioanal. Chem. **19** (1974) 23
[4] *P. Kolas*, Radioisotopy **13** (1972) 253
[5] *M. Kahlenbach, W. Görner, G. Loos*, J. Radioanal. Chem. **28** (1975) 263
[6] *V. Barnes*, IEEE Transactions on Nuclear Science NS **15** (1968) 437
[7] *S. Niese*, J. Radioanal. Chem. **38** (1977) 37

Kopplung des programmierbaren Tischrechners EMG 666 mit einem Vielkanalspektrometersystem mit Anschlußbedingungen nach Standard-Interface SI 1.2.*)

(E41) INIS DESCRIPTORS:

computers; data acquisition systems; data processing; data transmission; equipment interfaces; gamma spectra; gamma spectrometers; memory devices; multichannel analyzers; on-line measurement systems; peaks; specifications

Aufgabenstellung

Die Hauptaufgabengebiete der Spektrometrie gammaaktiver Nuklide in der Hauptabteilung Radioaktive Präparate des ZfK Rossendorf sind Nuklididentifizierung, Bestimmung der Radionuklidreinheit und Aktivitätsmessung. Die Bearbeitung erfolgt an Vielkanal-Spektrometersystemen (VKA) in Verbindung mit Ge(Li)-Halbleiterdetektoren. Im Zusammenhang mit einem Probenwechslersystem sind in Zukunft routinemäßig große Probenserien abzuarbeiten. Damit wird die für die Datenerfassung verwendete Peripherie der bestimmende Faktor für die Zeit, die zwischen zwei Messungen vergeht. Für die Ausgabe von 2K-Spektren auf Lochband benötigt man Zeiten, die etwa in der Größenordnung der Meßzeit liegen. Die im Spektrometer mögliche Datenaufarbeitung mit Hardware-Programmen nach *Görner* [1] verkürzt die Ausgabezeiten, birgt jedoch bei automatischem Meßzyklus die Gefahr von Informationsverlusten. Für einen großen Teil der Untersuchungen ist es besonders wichtig, die Resultate binnen kürzester Zeit zu erhalten. Da kein Direktanschluß an einen Großrechner möglich ist, wurde die on-line-Kopplung eines Tischrechners mit dem Spektrometersystem erprobt. Diese Variante soll folgende drei Forderungen erfüllen: schnellere Ausgabe, größere Speicherkapazität für Spektren und Möglichkeit der Spektrenauswertung.

Meßanordnung

Aufbau

Das 4K-Spektrometersystem und die zugehörige Probenwechsleranlage sind Entwicklungen des ZfK Rossendorf [2]. Als Spei-

*) Vortrag, vorgelegt auf der 2. Internationalen Tagung „Nukleare Analysenverfahren“, 19.–23. 3. 1979, Dresden (DDR)

cher dient ein Ferritkernspeicher vom Typ 4096 KSR-4048. Jede der 2^{12} Adressen kann 2^{23} Informationen speichern. Mit Hilfe des 2K-Analog-Digital-Konverters sind Wortlängen bis 2^{11} möglich. Die Anschlußbedingungen entsprechen dem Standard-Interface SI 1.2. Der Tischrechner EMG 666 mit maximaler Speichererweiterung (8k Byte MOS-RAM) wurde mit Hilfe einer Universal-Interface-Anpassungseinheit (EMG 79845 SPEZ) angekoppelt, die mit einem SI 1.2.-Anschluß zur Verfügung stand (Abb. 1).

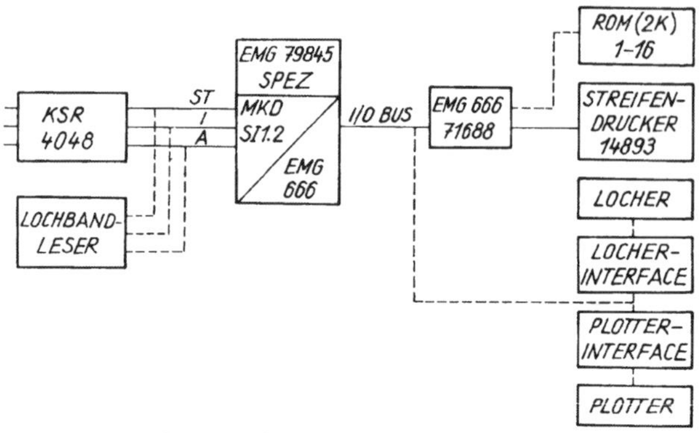

Abb. 1. Prinzip der Gerätekopplung

– – – = mögliche Erweiterungen; ST = Steuerung; A = Information (Adresse); I = Information (Adresseninhalt)

Beschreibung der Interface-Anpassungseinheit

In der Universal-Interface-Anpassungseinheit EMG Typ 79845 wird vom Hersteller nur die Rechneranschlußseite realisiert, während die Geräteanschlußseite vom Anwender hinsichtlich der Hardware ergänzt werden muß. Die spezielle Ausrüstung mit dem SI 1.2.-Anschluß (durch zusätzliche Leiterplatten und Steckverbinder) wurde vom VEB RFT Meßelektronik Dresden für einen besonderen Meßplatz entwickelt und stand dem ZfK als Labormuster zur Verfügung (Bezeichnung: Typ 79845 SPEZ). Das Gerät ermöglicht es, je Eingabe insgesamt 12 BCD-Stellen (Tetraden) von Meßgeräten mit SI 1.2.-Anschluß in den Rechner EMG 666 einzugeben. Ausgaben vom Rechner an SI 1.2.-Geräte sind nicht möglich. Die Eingabewortbreite kann durch geeignete Verkabelung mit einem oder mehreren Meßwerten belegt werden. Die zu einem Eingabewort zusammengefaßten Werte können durch das Rechnerprogramm wieder getrennt werden.

Die Meßwerteingabe wird vom Rechnerprogramm gesteuert, wobei auf der SI 1.2.-Seite der Anpassungseinheit folgende Steuersignale zur Verfügung stehen:

B0 zentrales Löschsignal an das Meßsystem
B2 Eingabeanmeldung an den Rechner
M1 Eingabequittung vom Rechner
B20 Interruptanforderung (SRQ) an den Rechner
M20 frei programmierbares Signal an das Meßsystem (z. B. für den Start).

Für die Programmierung der Eingabe über die Anpassungseinheit Typ 79845 mit SI 1.2.-Anschluß stehen folgende spezielle Befehle zur Verfügung:

Befehl	Funktion
XIN Ø	SRQ-Eingabe erlaubt
XIN 1	SRQ-Eingabe verboten
XIN 2	B0-Ausgabe
XIN 3	M20-Ausgabe
XIN 6	Eingabe eines SI 1.2.-Wortes
XIN 7	M20-Ausgabe und Eingabe eines SI 1.2.-Wortes.

Mit jeder Ausführung eines Eingabebefehls (XIN 6 oder XIN 7) wird jeweils ein SI 1.2.-Wort (12 Stellen) in das X-Register des Rechners eingegeben. Für die Eingabe mehrerer SI 1.2.-Wörter ist eine entsprechende Programmschleife erforderlich.

Steuerung der Meßanordnung

Die Steuerung der Meßwerteingabe erfolgt vom Rechner aus. Dabei wird der VKA als Peripherie betrachtet. Wenn sich der Rechner zur Datenübernahme im Wartezustand befindet und der VKA von Hand gestartet wird, genügen die vorhandenen drei Steuerleitungen (Abb. 2). Für einen automatischen Ablauf der Datenübertragung sind unbedingt die Signale B20 für „Service Request" (SRQ) zur Unterbrechung des laufenden Programms und M20 als Startsignal an den VKA erforderlich.

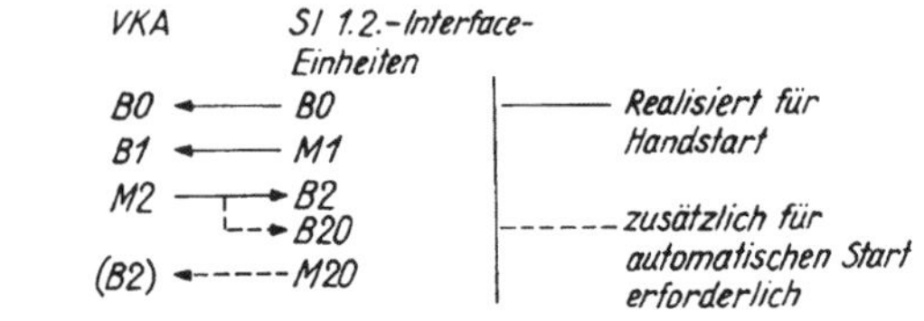

Abb. 2. Steuerverbindungen

Ergebnisse

Im EMG 666 mit 4K-Speicher sind maximal 8000 Programmschritte (PC) oder 1008 Daten speicherbar. Jedes Register (16 Byte) bietet die Möglichkeit, Kanaladresse (4 Byte) plus Kanalinhalt (6 Byte) aufzunehmen. Da ein Teil der Register für Programme reserviert werden muß, verringert sich die Zahl der freien Datenregister auf 990. Spektrenlängen bis zu 512 Kanälen können vollständig registriert werden, bei Spektren mit 1024 Kanälen wird auf die meist „uninteressanten" ersten 33 Kanäle verzichtet, bei 2K-Spektren zusätzlich auf die letzten 33 Kanäle. Durch die eindeutige Zuordnung Kanalnummer ←—→ Register kann auf die Ausgabe der Information „Kanaladresse" verzichtet werden, und es ergibt sich die Möglichkeit, die zweiten 990 Kanäle eines 2K-Spektrums durch Verknüpfung mit dem Faktor 10^7 in denselben Registern eindeutig zu speichern. Die Übertragungsgeschwindigkeit der Daten vom Spektrometersystem zum Rechner ist hoch. Sie erreicht infolge der ständig zu durchlaufenden Programmschleife 1,5 k Byte/s. Die Geschwindigkeit hängt jedoch stark von der Position des Programms im Register ab. Ohne Angabe der Adressen konnten 2K-Spektren innerhalb von 15 s auf den Rechner umgesetzt werden. Die Speicherung der Daten auf Magnetbandkassette erfordert bei einer Übertragungsgeschwindigkeit von 60 Byte/s eine Zeit von 125 s für 990 Register. Damit ergibt sich bei der Belegung eines Registers mit 2 Informationen eine maximale Speichermöglichkeit von 42 2K-Spektren bei Verwendung von C90-Kassetten. Die Dateneingabe über einen Lochbandleser und Lochbandeingabegerät nach Standard-Interface SI 1.2. (Typ LBL 4147 des ZfK) konnte mit denselben Eingabeprogrammen realisiert werden, wobei jedoch mit dem ersten Kanal beginnend eingelesen wird.

Ohne Verwendung externer ROM's ist die Unterbringung eines Programms zur Spektrenauswertung nur durch weitere Reduzierung des Datenfeldes möglich. Das von uns verwendete Programm „Peak" zur Peakflächenberechnung erforderte eine Beschränkung auf 894 Kanäle pro 1K-Spektrenlänge. Zwischen Kanal 42 und 935 war die Zuordnung Register-Kanal identisch und ersparte damit zusätzliche Umrechnungen. Bei bekannten Energie-Kanal-Beziehungen läßt sich das Ergebnis der Peaklage gleichzeitig für die Energiebestimmung verwenden. Peaksuche und Auflösung von Doppelpeaks sind nicht vorgesehen [3].

Zusammenfassung

Mit der erprobten Variante konnte die Datenausgabe eines Vielkanalspektrometers auf den Operationsspeicher eines Tischrechners EMG 666 realisiert werden. Durch die gegenüber bisherigen Varianten um Größenordnungen schnellere Datenübertragung steht mehr effektive Meßzeit am Spektrometer zur Verfügung. Die Gesamtdatenmenge pro Datenträgereinheit vergrößert sich beim Einsatz von Magnetbandkassetten gegenüber Lochbandrollen um den Faktor 10. Mit den verfügbaren peripheren Einheiten kann das Spektrum ohne Verlust an Meßzeit auf Lochband, Magnetband, Plotter oder Drucker ausgegeben bzw. mit Hilfe von Programmen sofort ausgewertet werden. Nach Realisierung eines Ausgangs am Universal-Interface 79845 SPEZ nach SI 1.2. und der Bereitstellung weiterer Steuersignale läßt sich mit dieser Gerätevariante die Datenübertragung in beiden Richtungen sowie die Prozeßsteuerung des gesamten Meßplatzes durchführen. Somit stellt der on-line mit dem Vielkanalspektrometer gekoppelte Rechner EMG 666 eine geeignete Variante zur Lösung von Routineaufgaben in der Gammaspektrometrie dar.

Eingegangen am 12. 6. 1979

K. Thieme
Zentralinstitut für Kernforschung der ADW der DDR, Rossendorf

S. Dähner
VEB Meßelektronik „Otto Schön", Dresden

Literatur

[1] *W. Görner, F. Bieganski,* ZfK-Ber. 340, 109
[2] *M. Kahlenbach, W. Görner,* J. Radioanal. Chem. 28 (1975) 263
[3] *R. Berndt,* Arbeitsbericht ZfK-RPM 2/77

Hochauflösende Si(Li)-HLD-Sonde zur Röntgenmikroanalyse*)

(E41) INIS DESCRIPTORS:

aluminium; electron microscopy; energy resolution; Li-drifted Si detectors; manganese; microanalysis; probes; X-ray fluorescence analysis; X-ray fluorescence analyzers

Einleitung

Mit der Si(Li)-HLD-Sonde werden die Meßmöglichkeiten auf dem Gebiet der energiedispersiven Röntgenfluoreszenzspektrometrie bedeutend erweitert. Sie gestattet den Nachweis der Röntgenfluoreszenzstrahlung von benachbarten Elementen niedriger Ordnungszahl. Der Nachweis erfordert ein Energieauflösungsvermögen der Si(Li)-HLD-Sonde, das kleiner als die Energiedifferenzen der Strahlung benachbarter Elemente ist.

In Abb. 1 ist als punktierte Kurve die K_α-Energiedifferenz benachbarter Elemente aufgetragen und als ausgezogene Kurvenschar das Energieauflösungsvermögen. Im niederenergetischen Bereich wird das Auflösungsvermögen dominierend durch das elektronische Auflösungsvermögen bestimmt. Aus dem Bild ist abzulesen, daß die Elemente unter der Voraussetzung gleicher Intensitätsverhältnisse getrennt werden können, deren K_α-Energiedifferenz über den Kurven des Auflösungsvermögens liegt.

Die Si(Li)-HLD-Sonde ist so konzipiert, daß sie zusammen mit der Elektronik vom EMG (UVR), und zwar Stromversorgung, Hauptverstärker, Vielkanalanalysator, Display, einen hochauflösenden Röntgenmikroanalysator darstellt. Bezüglich der konstruktiven Ausführung berücksichtigt die Si(Li)-HLD-Sonde die Anschlußbedingungen am Rasterelektronenmikroskop BS 300 von Tesla (CSSR).

Beschreibung des konstruktiven Aufbaus

Die Si(Li)-HLD-Sonde (Abb. 2) besteht aus dem Si(Li)-Halbleiterdetektor, dessen ladungsempfindlichem Vorverstärker und dem Dewargefäß. Das Dewargefäß nimmt den zur Kühlung benötigten flüssigen Stickstoff auf. Es hat ein Fassungsvermögen von 5 l N_2, und es ist so konstruiert, daß ein Kühlfinger radial zur

*) Vortrag, vorgelegt auf der 2. Internationalen Tagung „Nukleare Analysenverfahren", 19.–23. 3. 1979, Dresden (DDR)

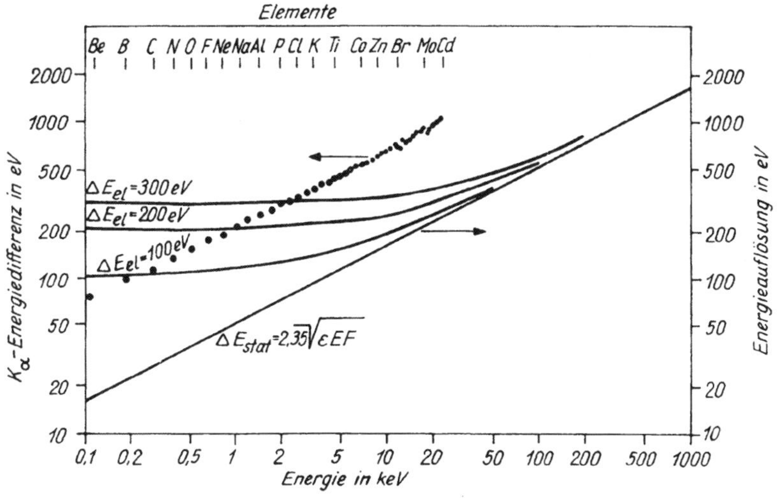

Abb. 1. Übersicht zum Nachweis niederenergetischer Röntgenfluoreszenzstrahlung benachbarter Elemente

Abb. 2. Si(Li)-HLD-Sonde

Gefäßachse montiert und mittels Kappe vakuumdicht verschlossen werden kann. Der Kühlfinger trägt den hochempfindlichen Si(Li)-Halblieterdetektor und den Transistor der ersten Vorverstärkerstufe. Kühlfinger und das den flüssigen Stickstoff aufnehmende innere Gefäß sind gegenüber der Umgebung durch ein gemeinsames Vakuum von etwa 10^{-6} Torr thermisch isoliert. Am inneren Gefäß befindet sich ein Molekularsieb, das durch ständige Kühlung mit flüssigem Stickstoff als Sorptionspumpe gegen die vorhandene Leckrate wirkt. Am äußersten Ende der radial am Gefäß angeflanschten Kappe trennt ein 25 µm dickes Berylliumfenster das Vakuumsystem von der Umgebung. Das Berylliumfenster, hinter dem sich in geringem Abstand der Si(Li)-Halbleiterdetektor befindet, ist Strahlungseintrittsfenster für die niederenergetische Röntgen- und Gammastrahlung.

Si(Li)-Halbleiterdetektor

Der Nachweis der niederenergetischen Röntgenstrahlung ist nicht nur durch das Auflösungsvermögen, sondern auch durch die Detektoreigenschaften festgelegt. Die Nachweisgrenze im Bereich niedriger Energien wird durch die technisch notwendigen Absorptionsschichten zwischen Strahlungsquelle und effektivem Detektorgebiet sowie durch das Peak-Untergrund-Verhältnis bestimmt.

Abb. 3 zeigt ein Spektrum von Mn-K_α-K_β und Pulser mit einem *Compton*-Untergrund, der infolge höherenergetischer Strahlung erscheint. Nach Subtraktion des Untergrundes ergibt sich ein Peak: Tail-Verhältnis von über 1000:1. Dieses gute Peak:Tail-Verhältnis aber tritt bei Detektoren mit einer geringen Totschicht des Siliziums und guter Sammlung der Ladungsträger auf.

Prinzip des Vorverstärkers

Der ladungsempfindliche Vorverstärker besteht aus dem im Kühlfinger auf optimale Arbeitstemperatur gekühlten Eingangs-FET und den nachfolgenden, mit ungekühlten Bauelementen bestückten Stufen, die in einem am Flansch des Dewargefäßes befestigten Gehäuse untergebracht sind. Der Vorverstärker läßt sich auf den Betrieb mit kontinuierlichem und gepulstem Drain-Feedback umschalten. Die kontinuierliche Betriebsweise ist für niedrige Impulsraten (unter 1000 s^{-1}) zweckmäßig, wogegen bei höheren Raten die gepulste Gegenkopplung eine bessere Energieauflösung ermöglicht. Beim sogenannten Drain-Feedback wird durch erhöhte Drainspannung des Eingangs-FET ein Drain-Gate-Durchbruchstrom erzeugt, der den Leck- und Signalstrom des direkt gekoppelten Detektors kompensiert. Beim kontinuierlichen Betrieb fließt dieser Strom ständig, was bei höheren Impulsraten einen starken Anstieg des Rauschens verursacht. Beim gepulsten Betrieb erfolgt die Kompensation diskontinuierlich durch eine kurzzeitige starke Erhöhung der Drainspannung, die einen Durchbruchstromimpuls erzeugt. Eine eingebaute Torschaltung sperrt während dieser Zeit den Signalausgang, so daß der nachfolgende Hauptverstärker nicht übersteuert wird. Die hierdurch verursachte Totzeit ist bis zu relativ hohen Zählraten vernachlässigbar.

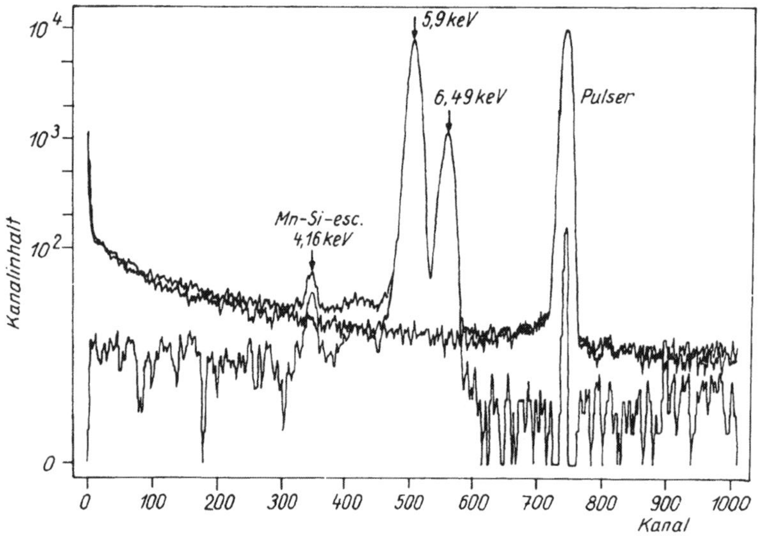

Abb. 3. Spektren von Mn-K_α-K_β-Linien, mit und ohne Compton-Untergrund

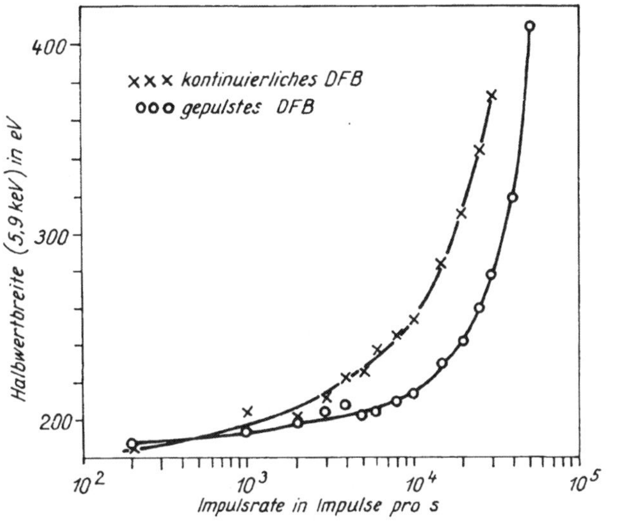

Abb. 4. Auflösungsvermögen in Abhängigkeit von der Impulsbelastung

Abb. 4 zeigt einen Vergleich der Impulsratenabhängigkeit der Energieauflösung zwischen dem kontinuierlichen und gepulsten Drain-Feedback. Als Maß für die Energieauflösung wurde die Halbwertsbreite des Mangan-K_α-Peaks verwendet, die einer Quantenenergie von 5,9 keV entspricht.

Einsatzmöglichkeiten

Wie bereits einleitend bemerkt, ist die Sonde so konzipiert, daß das Hauptanwendungsgebiet in der Röntgenmikroanalyse liegt. Die Si(Li)-HLD-Sonde, zusammen mit der Nachfolgeelektronik von EMG, stellt einen kompletten Röntgenmikroanalysator mit Display dar. Die Konstruktion der Sonde und der zugehörige Support sind für den Einsatz am Rasterelektronenmikroskop BS 300 von Tesla ausgelegt, aber auch Anpassungen an andere Mikroskope sind möglich.

Das Spektrum, das Abb. 5 zeigt, wurde bei der Erprobung der Sonde am japanischen Rasterelektronenmikroskop JSM-1 aufgenommen. Dabei wurde keine Nachfolgeelektronik von EMG

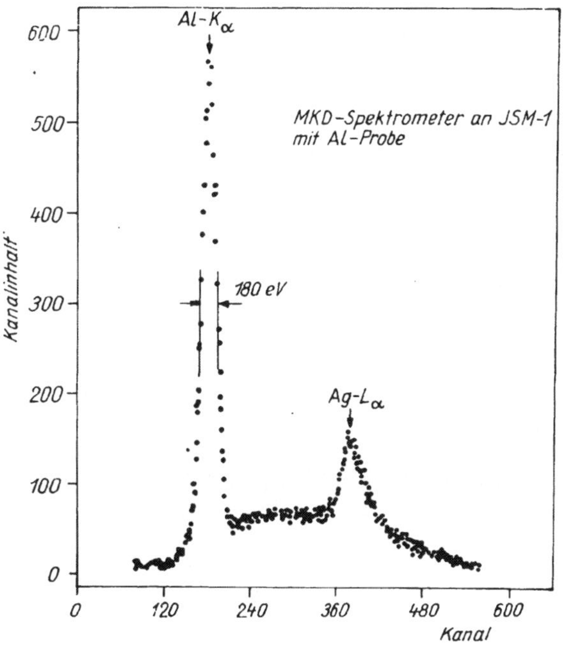

Abb. 5. Spektrum einer Aluminiumprobe im Rasterelektronenmikroskop JSM-1

verwendet. Bei Anschluß der Si(Li)-HLD-Sonde an andere geeignete Nachfolgeelektronik wird unter Umständen das energetische Auflösungsvermögen in Abhängigkeit von der Impulsbelastung durch den Hauptverstärker bestimmt. Bei optimaler Anpassung ist ein energetisches Auflösungsvermögen von 200 eV, bezogen auf Mn-K_α, bei 1000 Imp./s zu erreichen.

Eingegangen am 12. 6. 1979

I. Dietze
VEB RFT Meßelektronik „Otto Schön", Dresden
H. Koepernik, U. Lorenz
Zentralinstitut für Kernforschung, Rossendorf
M. Schiekel
TU Dresden

Tagungsberichte

IAEA/FAO-Symposium „International Symposium on the Use of Isotopes for Research and Control of Vectors of Animal Diseases, Host Pathogen Relationships and the Environmental Impact of Control Procedures" vom 07. bis 11. 5. 79 in Wien

In der Zeit vom 7.—11. 5. 1979 fand in Wien ein „International Symposium on the Use of Isotopes for Research and Control of Vectors of Animal Diseases, Host Pathogen Relationships and the Environmental Impact of Control Procedures" statt. Die Veranstaltung wurde von der International Atomic Energy Agency (IAEA) und der Food and Agriculture Organization of the United Nations (FAO) gemeinsam organisiert.

An der Tagung nahmen über 60 Wissenschaftler aus 25 Ländern sowie Vertreter einiger Organisationen, wie der Commission of the European Communities, dem International Centre of Insect and Physiology Ecology, dem International Laboratory for Research on Animal Diseases, der IAEA und der FAO, teil. In 8 Sektionen stellten 37 Referenten ihre Ergebnisse aus Untersuchungen zur Bekämpfung einer Reihe von Tierkrankheiten wie Trypanosomiasis, Küstenfieber, Anaplasmosis u. a. dar. Das Programm und die wissenschaftliche Diskussion umfaßte weiter: Fragen der Eigenschaften von Krankheitsüberträgern, die Massenzüchtung spezieller Arten von Überträgern wie der Tsetsefliege, die Anwendung von Repellents zum Schutz gegen Infektion und Fragen der Stabilität und der Biotransformation von Pestiziden in Pflanze und Tier. Es wurden Ergebnisse von durchgeführten Bekämpfungsmaßnahmen dargestellt und neuere Erkenntnisse über den Übertragungsmechanismus von Krankheitserregern durch Insekten diskutiert.

Sektion 1: Allgemeine Betrachtungen

D. A. Lindquist (USA) wertete in seinem Vortrag Vorteile und Nachteile der „sterile male technique" bei der Bekämpfung von krankheitsübertragenden Insekten und Zecken aus. Vorteilen, wie z. B. die geringe Umweltbelastung, stehen relativ hohe Kosten für die Züchtung und die Sterilisation der notwendigen Insekten gegenüber. *P. Finelle* (FAO) verglich die Effektivität unterschiedlicher Bekämpfungsmethoden miteinander und diskutierte insbesondere die für eine wirksame Bekämpfung wichtigen Qualifizierungsmaßnahmen zur Ausbildung von Fachkräften in den Anwenderländern.

Sektion 2: Babesiosis und Anaplasmosis

Von *R. E. Purnell* (Großbritannien) konnte durch Impfung von Rindern mit Babesia-infiziertem Blut, das mit ^{60}Co-Strahlung bestrahlt wurde, eine Schutzreaktion eindeutig nachgewiesen werden. Unter Einsatz von ^{59}Fe wies *S. H. Hussein* (Sudan) experimentell nach, daß unterschiedliche Babesia-Arten Erythrocyten eines bestimmten Alters bevorzugen. *A. D. Irvin* (Großbritannien) stellte eine Abhängigkeit der Aufnahmemenge ^{3}H-markierter Purine durch Parasiten fest, die sich bei Bestrahlung oder durch Behandlung mit Chemotherapeutika proportional zur Hemmung der metabolischen Aktivität verringert.

Sektion 3: Trypanosomiasis und Leishmaniasis

Von *Terry* (Großbritannien) wurde gezeigt, daß die Infektion mit Trypanosomen die Immunreaktion bei Experimentiertieren unterdrückt. Dabei ablaufende Mechanismen wurden vorgestellt. *T. R. Tizard* (Kanada) diskutierte die Rolle biologisch aktiver Stoffe bei der Pathogenese der Trypanosomiasis.

Sektion 4: Repellents und Pestizide

R. Galun (Israel) fand, daß ein Besprühen von Versuchstieren mit einer Formulierung des natürlichen Pyrethrums einen Schutz der Tiere gegen Tsetsefliegenstiche über 10 Tage gewährt. Damit ist ein wirksamer Schutz von Tierbeständen gegen Infektionen denkbar. Von *M. Rösseler* (DDR) wurden Ergebnisse von Lagerungsstabilitätsuntersuchungen an speziellen Pestiziden und insbesondere angewandte analytische Methoden dargestellt. *A. S. Aiyar* (Indien) konnte Vorstellungen über den Mechanismus des Abbaus von Lindan und Hexachlorbenzol im Körper von Säugetieren erweitern.

Sektion 5: Sterile Insect Technique (SIT)

R. S. Patterson (USA) stellte die Ergebnisse eines Großversuches zur Bekämpfung der Stechfliege durch die SIT auf der Insel St. Croix vor. Dabei wurden 18 Monate lang täglich bis zu 10^5 strahlensterilisierte Fliegen in Freiheit gesetzt. Im Ergebnis konnte die natürliche Population an Fliegen auf der Insel um 50% reduziert werden.

Sektion 6: Isotopenanwendung, Physiologie

W. J. Kloft (BRD) erläuterte ein allgemeines Schema der Aufnahme- und Ausscheidungsmöglichkeiten von einigen als Modellsubstanzen verwendeten Radionukliden im Insektenorganismus.

Unter Verwendung von ^{14}C-Leucin und ^{14}C-Palmitat wurde von *P. A. Langley* (Großbritannien) die Rolle der weiblichen Fett- und Milchdrüsen bei der Ernährung von Larven der Glossina morsitans untersucht. Während in der ersten Phase des Larvenstadiums Triglyceride und teilweise auch Proteine von den Fettzellen produziert werden, verlagert sich die synthetische Aktivität in der zweiten Phase in die Milchdrüse.

Sektion 7 und 8: Fragen der Ökologie, des Verhaltens und der Massenzüchtung von Tsetsefliegen

R. Bauer (BRD) verwendete für die Fütterung von Tsetsefliegen bestrahltes Rinderblut. Im Vergleich zu Tieren, die mit unbehandeltem Blut gefüttert wurden, zeigte sich eine verringerte Mortalität.

Besonders interessant erschien die von *H. Wetzel* vorgestellte Methode der in-vitro-Massenzüchtung von Tsetsefliegen Glossina palpalis, die mit gefriergetrocknetem Blut ernährt werden. Bei der im Joint FAO/IAEA Laboratory in Seibersdorf geübten Fütterungstechnik wird das Blut auf selbstgefertigten Membranen angeboten. Diese Verfahrensweise hat gegenüber der üblichen Technik unter Verwendung von Wirtstieren Vorteile, da z. B. der Aufwand für die Haltung von Wirtstieren entfällt und keine Geruchsbildung vorhanden ist. *M. Weiss* und *W. Takken* aus Seibersdorf haben in Feldversuchen in Tansania nachgewiesen, daß sich keine Unterschiede in den Verhaltensmerkmalen zwischen membrangezüchteten und mit Wirtstieren gezüchteten Fliegen ergeben.

Eingegangen am 13. 8. 1979

M. Rösseler

Informationen

DDR/IAEA. In Realisierung des Programms der Internationalen Atomenergie-Organisation (IAEA) besuchte vom 16. bis 24. 6. 1979 eine Studiengruppe die DDR, um Probleme der Anwendung nuklearer Methoden in der Pflanzenzüchtung kennenzulernen. (IAEA — Study Tour „Nuclear Techniques and Induced Mutations in Plant Genetics and Breeding"). Ihr gehörten 21 Wissenschaftler aus 18 Ländern an, darunter Ägypten, Äthiopien, Indien, Indonesien, Kongo, Malaysia, Peru, Sudan und Uganda. In zahlreichen Lektionen, Demonstrationen und Besichtigungen wurden — unter Einbeziehung von Disziplinen der Grundlagenforschung — insbesondere die Erhöhung von Quantität und Qualität des Getreideproteins behandelt sowie Ergebnisse und Erfahrungen bei der Mutationszüchtung von Getreide und Sojabohnen vermittelt.

Im Zentralinstitut für Genetik und Kulturpflanzenforschung Gatersleben der AdW informierte sich die Studiengruppe über Ergebnisse induzierter Mutationen in der Pflanzenzüchtung und die natürliche Variabilität in verschiedenen Gruppen von Kulturpflanzen; im Institut für Biochemie der Pflanzen Halle der AdW über Biotransformationen von landwirtschaftlichen Wirkstoffen sowie die Anwendung der Tracertechnik. Der Nutzung der ^{15}N-Technik galt im Institut für Getreideforschung Bernburg-Hadmersleben der AdL besonderes Interesse, wie auch der Mutationsauslösung bei Gerste im Institut für Züchtungsforschung Quedlinburg der AdL. Weitere Studienobjekte waren die Aneuploidieforschung (Sektion Pflanzenzüchtung der Martin-Luther-Universität Halle), Demonstrationen des Chimärismus (Botanisches Institut der Pädagogischen Hochschule Potsdam) und Fragen der Ertragserhöhung durch Saatgutbestrahlung (Sektion Physik der Humboldt-Universität Berlin). Die Studiendelegation informierte sich darüber hinaus auf der „agra" in Leipzig-Markkleeberg über die Entwicklung der sozialistischen Landwirtschaft in der DDR.

Mit ihrer Beteiligung am Ausbildungsprogramm der IAEA auf diesem Gebiet der friedlichen Nutzung der Kernenergie leistete die DDR einen Beitrag zur technischen Hilfe für Entwicklungsländer.

USA. Vom National Council on Radiation Protection and Measurements (NCRP) wurden drei neue Reports herausgegeben:

NCRP Report No. 59 – Operational Radiation Safety Program

NCRP Report No. 60 – Physical, Chemical and Biological Properties of Radiocerium Relevant to Radiation Protection Guidelines

NCRP Report No. 61 – Radiation Safety Training Criteria for Industrial Radiography.

Großbritannien. Neue Reports der United Kingdom Atomic Energy Authority (UKAEA):

AERE-R 9159 Evaluation of High Resolution Gamma Spectrometry for In-Line Determination of Uranium and Plutonium in Distribution Coefficient Measurements

AERE-R 9211 Mobile Equipment for Neutron Radiography using a Californium-252 Source

AERE-R 9229 Optimization Calculations for Slow Neutron Production with the 136 MeV Harwell Electron Linac

AERE-M 2996 A Transducer Position Controller for Automatic Scanning

AERE-R 9278 Neutron Beam Instruments at Harwell

AERE-R 9319 A Semi-Empirical Molecular Orbital Model of Silica. Application to Radiation Compaction

AEEW-R 1212 Experiments to Determine the Rate of Beta Energy Release following Fission of ^{239}Pu and ^{235}U in a Fast Reactor

AERE-R 9260 Kinetics of the Decay of Peroxynitrous Acid in Aqueous and Methanol Media

AERE-R 8967 A Measurement of the Pulse High Distribution of a Lithium Glass Scintillator at Different Neutron Energies

AERE-R 9343 Practical Aspects of Heat Transfer in Radioactive-Waste Repository Design

ND-R 305(S) An X-Ray Diffractometer Specimen Holder for use with Reactive and Toxic Materials.

UdSSR. Heft 5/1979 der Zeitschrift „Atomnaja Energija" enthält u. a. folgende Beiträge:

XXX Jahre RGW – Das Atom für den Frieden in den Ländern des Sozialismus (*A. F. Panasenkow*);

Strahlenschwellung von rostfreien Zweiphasen-Austenit-Ferrit-Stählen (*J. A. Utkin* u. a.);

Mathematische Modellierung von Extraktionsprozessen bei der Wiederaufarbeitung von Kernbrennstoffen. 6. Einfluß von Strömungsschwingungen auf die Ansammlung von Plutonium (*A. M. Rosen, M. J. Selwenski*);

Ein Elektronen-Linearbeschleuniger mit einer mittleren Stromstärke von 1 mA (*G. L. Fursow* u. a.);

Kurze Originalmitteilungen:

Zur Berechnung der Gammastrahlleistung von Bestrahlungsschleifen mit nichtspaltbaren Arbeitsmedien (*N. I. Rybkin* u. a.)

Zur Effektivität von Fließschemata von Bestrahlungsschleifen mit nichtspaltbaren Arbeitsmedien (*N. I. Rybkin* u. a.);

Bestimmung der Aktivierungskomponente der Empfindlichkeit von Detektoren für thermische und epithermische Neutronen (*O. Erben*);

Anzahl der durch monoenergetische Elektronen und Betateilchen erzeugten Photonen der K-Strahlung von Elementen (*F. P. Teplow* u. a.);

Viskosität gemischter Schmelzen von Alkalifluoriden und Urantetrafluorid (*W. N. Desjatnik* u. a.);

Über die Bildung von Wasserstoff bei der Radiolyse von Wasserdämpfen (*B. G. Dsantiew* u. a.);

Tagungsberichte:

45. Tagung des Wissenschaftlichen Rates des Vereinigten Instituts für Kernforschung Dubna (*W. G. Sandukowski*).

DDR. Der Leipziger Kommissions- und Großbuchhandel (LKG), 701 Leipzig, Postfach 520, bietet unter der Rubrik „Das importierte Buch" das in der 17. (korrigierten und ergänzten) Auflage herausgegebene allgemeine Wörterbuch Englisch-Russisch von *W. K. Müller* an. Es enthält rund 53000 Stichwörter sowie Verzeichnisse von Eigennamen, häufig verwendeten Abkürzungen und Tabellen metrischer Maße (einschließlich der Umrechnung anglo-amerikanischer Maßeinheiten in metrische). Das Wörterbuch ist 1977 im Verlag „Russische Sprache", Moskau, erschienen. Preis: 38,50 M.

BRD. Nach einer Mitteilung in „atw" 7/1979 hat die Gesellschaft zur Wiederaufarbeitung von Kernbrennstoffen mbH (GWK) einen Vertrag mit dem französischen CEA über die Nutzung der französischen Verglasungstechnologie und mit der Ingenieurfirma Societé Générale pour les Techniques Nouvelles (SGN) einen Vertrag über die Errichtung einer Hochaktiv-Verglasungsanlage (HOVA) auf dem Gelände der Wiederaufarbeitungsanlage Karlsruhe (WAK) unterzeichnet.

USA. In einem Bericht der Nuclear Regulatory Commission (NRC) über die Strahlenbelastung von Personen, die mit Armbanduhren mit tritiumaktivierten Leuchtziffern umgehen („Estimates of Potential Radiation Dosis from Wristwatches Containing Tritium Gas"), wird festgestellt, daß die höchste Strahlenbelastung pro Person unter Normalbedingungen 0,3 mrem/Jahr beträgt. Unter Unfallbedingungen kann die Strahlenbelastung 0,5 mrem bis 1 rem erreichen.

UdSSR. Im Verlag „Atomisdat" sind u. a. folgende neue Bücher erschienen:

Probleme der Kernforschung und Kerntechnik (*A. M. Petrosjanz*);

Kollektive Beschleunigung von Ionen mit Elektronen (*W. P. Saranzew, E. A. Perelschtein*);

Defektoskopie mit schnellen Elektronen (*B. A. Kononow*);

Radioaktiver Kohlenstoff in der Biosphäre (*W. P. Rublewski* u. a.);

Radiometrische Systeme zur Strahlungskontrolle (*W. I. Gorbunow, A. W. Pokrowski*);

Strahlung und Blutsystem (Strahlenempfindlichkeit von tierischen Lebewesen bei äußerer Bestrahlung) (*O. I. Belousowa* u. a.);

Mikroprozessoren in Geräten für Strahlungsmessungen (*L. S. Gorn* u. a.);

Reinigung von Produktionsrückständen durch Strahlenpolymersiation (*W. N. Schubin* u. a.);

Einführung in die strahlenchemische Technologie (*R. W. Dshagazpanjan* u. a.);

Hydrolyse von Metallionen in verdünnten Lösungen (*W. A. Nasarenko* u. a.);

Identifizierung ionisierender Strahlungen mittlerer und niedriger Energie (*A. A. Kuraschow*);
Die uranfördernde Industrie der kapitalistischen Länder (Gegenwärtiger Entwicklungsstand) (*N. I. Tschesnokow* u. a.);
Das Atom für den Frieden in den Ländern des Sozialismus (Zusammenarbeit der RGW-Mitgliedsländer);
Grundlagen der Mikrodosimetrie (*E. I. Iwanow, W. N. Lyszow*);
Automatische Kontrolle der Bewegungsdynamik von Teilchen bei Anreicherungsprozessen (*M. L. Goldin, W. I. Gudima*).

UdSSR. Heft 6/1979 der Zeitschrift „Atomnaja Energija" enthält u. a. folgende Arbeiten:
25 Jahre Kernenergetik (*A. G. Meschkow*);
Einige Fragen der Strahlensicherheit des Brennstoffzyklus schneller Reaktoren (*O. D. Bakumenko* u. a.);
Physikalisches Anfahren des Impuls-Forschungsreaktors IBR-2 (*W. D. Ananjew* u. a.);
Kurze Originalmitteilungen:
Anwendung der Computer-Tomographie zur Kontrolle von Brennelementen (*E. J. Wasiljewa, A. N. Majorow*);
Energieverteilung der Gammastrahlung von ^{235}U-Spaltprodukten bei kurzer Bestrahlungszeit (*M. A. Markina* u. a.);
Resonanzintegral des Neutroneneinfangs für ^{244}Pu (*A. A. Drushinin* u. a.);
Absolutmessungen des Spaltquerschnitts von ^{241}Am für Neutronen mit einer Energie von 2,5 MeV (*B. M. Alexandrow* u. a.)

IAEA. Nummer 2/3-1979 des Bulletins der Internationalen Atomenergie-Agentur enthält u. a. folgende Beiträge:
An Overview of the Nuclear Safety Standards (NUSS) Programme;
Uranium Exploration in Developing Countries — Facts and Trends (*P. M. C. Barretto*);
Applications of Isotopes and Radiation in Agriculture (*C. G. Lamm*);
Technical Co-operation and the Developing World (*F. S. Bittencourt*);
INIS and AGRIS — Their Use and Potential in Developing Countries (*J. R. Judy, C. Todeschini*);
Manpower Development for Nuclear Power Programmes (*B. J. Csik* u. a.);
The International Centre for Theoretical Physics — Physics and the Developing Countries (*A. Hamende*).

IAEA. Neue Publikationen der Internationalen Atomenergie-Agentur:
Nuclear Activation Techniques in the Life Sciences 1978 (Proc. Series — STI/PUB/492);
Calibration of Dose Meters used in Radiotherapy (Tech. Rep. Series No. 185 — STI/DOC/10/185);
Isotopes in Biological Dinitrogen Fixation (Proc. Series — STI/PUB/478);
Decontamination of Animal Feeds by Irradiation (Panel Proc. Series — STI/PUB/508);
Methodology for Assessing Impacts of Radioactivity on Aquatic Ecosystems (Tech. Rep. Series No. 190 — STI/DOC/10/190);
Manual on Decontamination of Surfaces (Safety Series No. 48 — STI/PUB/483);
Manual on Early Medical Treatment of Possible Radiation Injury (with an appendix on sodium burns) (Safety Series No. 47 — STI/PUB/506);
Monitoring of Airborne and Liquid Radioactive Releases from Nuclear Facilities to the Environment (Safety Series No. 46 — STI/PUB/482);
Characteristics of Solidified High-Level Waste Products (Tech. Rep. Series No. 187 — STI/DOC/10/187);
Environmental Isotope Data No. 6: World Survey of Isotope Concentration in Precipitation (1972—1975) (Tech. Rep. Series No. 192 — STI/DOC/10/192);
Evaluation of Uranium Resources (Panel Proc. Series — STI/PUB/507);
Gamma-Ray Surveys in Uranium Exploration (Tech. Rep. Series No. 186 — STI/DOC/10/186).

UdSSR. Heft 7/1979 der Zeitschrift „Atomnaja Energija" enthält u. a. folgende Beiträge:
Ein Komplex kerngeophysikalischer Methoden und Apparaturen zur Erhöhung der Effektivität der Erkundung, Förderung und Aufarbeitung nichtradioaktiver Mineralien (am Beispiel von Zinnerzen) (*S. A. Baldin* u. a.);
Zur Rolle von Verunreinigungen bei der Strahlenversprödung von niedriglegiertem Stahl (*W. A. Nikolajew* u. a.);
Ausbeuten einiger ^{235}U-, ^{238}U- und ^{239}Pu-Spaltprodukte bei der Bestrahlung mit Neutronen des BR-1-Spektrums (*L. N. Jurowa* u. a.);
Die Neutronenausbeute der (α, n)-Reaktion beim Sauerstoff (*W. I. Bulanenko*);
Instrumentelle Neutronenaktivierungsanalyse geochemischer Proben im Submilligrammbereich (*W. I. Drynkin* u. a.);
Zur Berechnung der Photoneutronenausbeuten bei dicken Targets im Bereich der Riesenresonanz (*W. I. Isajew, W. P. Kowalew*);
Kurze Originalmitteilungen:
Senkung des Strahlenpegels von Elektronen-Linearbeschleunigern im Bereich des Absorbers mit Hilfe der Beschleunigungssektion (*W. S. Balagura* u. a.);
Über die Effektivität des Nachweises von Gammastrahlung mit einem Kugeldetektor (*D. I. Konstantinow*);
Röntgenographische Untersuchung bestrahlter Metalldiboride (*Ch. E. Maile* u. a.);
Untersuchung des Einflusses einiger Faktoren auf die Verteilung der absorbierten Dosis in dünnen Bestrahlungsschichten (*W. W. Krajuschkin*);
Ein Kalorimeter zur Messung der lokalen Absorptionsdosisleistung von Elektronenstrahlung (*W. A. Berljand* u. a.);
Ein Kadmiumsulfid-Gammadosimeter mit hoher Strahlenbeständigkeit (*W. K. Dubowoi*);
Spaltquerschnitt für thermische Neutronen und Resonanzintegral der Spaltung von ^{243}Cm (*K. D. Schurawlew, N. I. Kroschkin*);
Bestimmung der absoluten Ausbeute der 277,6-keV-Gammalinie von ^{239}Np (*W. K. Moshajew* u. a.);
Zur lokalen Bestimmung der Koordinaten der Phasengrenze zweier Medien (*F. L. Gertschikow, W. D. Kosarew*).

Schweiz. Nach Abschätzungen schweizerischer Spezialisten beträgt das Volumen an hochaktiven Rückständen in verarbeiteter Form aus einem 1000-MW(e)-KKW mit Leichtwasserreaktor 2,5—3 m^3/a. Bei vierzigjährigem Betrieb von fünf solchen Kraftwerksblöcken fallen insgesamt ca. 54000 m^3 niedrigaktive, ca. 28000 m^3 mittelaktive und rund 500 m^3 hochaktive Rückstände an. Die Kosten der Wiederaufarbeitung des abgebrannten Kernbrennstoffs und der Lagerung der radioaktiven Rückstände von Leichtwasserreaktoren werden auf 30 bzw. 12% der Gesamtkosten des frischen Brennstoffs oder auf 8 bzw. 3% der Stromerzeugungskosten des KKW geschätzt.

USA. Die Gesamtaufwendungen für das Programm der USA zur Urananreicherung mit Hilfe der Laser-Isotopentrennung betragen für 1979 50,8 Mio $ und für 1980 50 Mio $. Davon erhält

1979 das Livermore-Lab. (Arbeiten zur Anreicherung atomaren Urans) 18,2 Mio $, darunter 3,5 Mio für Ausrüstungen, und das Forschungszentrum Los Alamos (Entwicklung von Anreicherungsmethoden für Uran in molekularer Form) 20,4 Mio $, darunter 2,2 Mio für Ausrüstungen.

Kanada. Die Fa. EDA Instruments hat die Serienproduktion eines kleinen, batteriegespeisten Radondetektors auf TLD-Basis (RTD-322) aufgenommen, der für die Gruppen -oder individuelle Kontrolle der Strahlungssituation bestimmt ist. Das Gerät registriert den Radongehalt der Luft im Bereich des natürlichen Pegels bis zu sehr hohen Konzentrationen. Der Einfluß von Tochterprodukten des Radonzerfalls wird durch vorherige Filtrierung der zu kontrollierenden Luft ausgeschaltet. Die Korrektur hinsichtlich des Gammauntergrunds wird mit Hilfe einer zugehörigen Kontrollstrahlenquelle vorgenommen.

Buchbesprechungen

Chemie der Nuklearen Entsorgung, Teil I u. II.

F. Baumgärtner (Hrsg.) München: Verlag Karl Thiemig, 1978, insgesamt: 622 S., 169 Abb., 84 Tab., 417 Lit.; Kart. T. I.: DM 36,—; T. II: DM 39,80

In Band 65 und Band 66 der Thiemig-Taschenbücher werden von kompetenten Autoren der gegenwärtige technische Stand der Wiederaufarbeitung von Kernbrennstoffen, die Abfallbeseitigung und Probleme des Betriebes von Kernkraftwerken unter Beachtung ökologischer Aspekte kritisch beleuchtet. Die einzelnen Kapitel lauten:

Teil I

1. Elektrizitätsversorgung — Kernkraftwerke — Entsorgung (*E. Gelfort*)
2. Zum Verhalten von Spaltprodukten im Kernbrennstoff von Leichtwasserreaktoren (*K. H. Neeb*)
3. Der Entwicklungsgang zum heutigen Stand der Wiederaufarbeitungstechnik (*F. Baumgärtner*)
4. Herstellung von Brennelementen (*V. W. Schneider, F. Plöger*)
5. Die Entwicklung des 30-mrem-Konzepts und seine Bedeutung für die Abluftwerte einer Wiederaufarbeitungsanlage (*W. Koelzer*)
6. Radioökologische Aspekte der Entsorgung (*H. Schüttelkopf*)
7. Die sicherheitstechnische Auslegung einer Wiederaufarbeitungsanlage (*K. D. Kuhn, G. Herrmann, K. P. Schulze*)
8. Die sichere Endlagerung von radioaktiven Abfällen (*R. Kroebel, H. Krause*)

Teil II

9. Das PUREX-Schema und seine Variationsbreiten (*G. Koch*)
10. Die Rezyklisierungstechniken und die Probenelemente T, Zr, Tc und Np (*H.-J. Bleyl, W. Ochsenfeld*)
11. Betriebserfahrungen und neue Techniken der Abfallminimierung (*H. Schmieder, K. L. Huppert*)
12. Mechanische Probleme bei der Aufarbeitung von Brennelementen (*K.-D. Kuhn, P. Kunze*)
13. Behandlung des Scheren- und Auflöserabgases (*E. Henrich, W. Weinländer*)
14. Spaltedelgas-Rückhaltung (*R. von Ammon, H. W. Beaujean*)
15. Analytische Probleme der Aufarbeitung (*R. Berg, D. Ertel*)
16. Verfahrenstechnische Apparate in Wiederaufarbeitungsanlagen — Auswahlkriterien und Funktionsbeschreibung (*H. Goldacker, W. Issel, K.-D. Kuhn*)
17. Gesichtspunkte bei der Auslegung der Meßtechnik von Wiederaufarbeitungsanlagen (*L. Finsterwalder*)
18. Behandlung schwach- und mittelaktiver Abfälle (*G. Höhlein*)
19. Lagerung und Verfestigung flüssiger, hochaktiver Abfälle (*H. Eschrich*)
20. Dekontamination von Oberflächen (*H. Eschrich*; in Englisch)
21. Behandlung des Tritiums bei der Kernbrennstoffaufarbeitung (*E. Henrich, H. Schmieder, H. Goldacker*)
22. Verwendung von Hafnium als heterogenes Neutronengift (*E. Warnecke, H. Schmieder, W. Comper, M. Pötzschke*)
23. Plutoniumtestanlage zur Demonstration von elektrolytischen Verfahren (*D. Leuchtmann*)

Neben einen umfassenden Überblick über den gegenwärtigen Stand des Kernbrennstoffzyklus erhält man ausführliche Informationen über moderne Entwicklungen wie Elektrolyseverfahren und Tritiumrückhaltung, wird mit neuesten Forschungsergebnissen z. B. über die Spaltproduktfreisetzung aus dem Brennstab bei Leistungsänderung vertraut gemacht und werden interessante Gegenüberstellungen von Varianten vorgenommen.

Es wird überzeugend dargestellt, daß für die Wiederaufarbeitung gegenwärtig nur der PUREX-Prozeß diskutabel ist.

Das Buch ist für alle Wissenschaftler und Techniker, die sich mit Kernenergetik und verwandten Gebieten der Kerntechnik beschäftigen, eine Fundgrube wertvoller Informationen.

S. Niese

Kerntechnik im Blickpunkt

G. Blumentritt, L. Schwaar, Leipzig: VEB Fachbuchverlag 1979. 272 S., 142 Abb., 3 Tab.; Ganzgewebeeinband M 16,—

Die Nutzanwendung von Ergebnissen der Kernforschung und Kerntechnik auf nahezu allen Gebieten der Wissenschaft, Industrie, Landwirtschaft und Medizin ist heute in vielen Fällen schon zur Routine geworden. In welchem Ausmaß das bereits der Fall ist und welche künftigen Möglichkeiten — insbesondere im Bereich der Energiewirtschaft — abzusehen sind, darüber geben die Autoren des vorliegenden Buches, dessen Niveau als gehoben-populärwissenschaftlich einzuschätzen ist, einen sehr guten, aktuellen Überblick.

Nach einleitenden Kapiteln über kernphysikalische Grundlagen, Detektoren und Meßsysteme für Kernstrahlungen werden die wichtigsten Anwendungsmöglichkeiten von Radionukliden und ionisierenden Strahlungen in der Industrie, Landwirtschaft und Medizin sowie in der Forschung an prägnanten Beispielen erläutert. In diesen Teil des Buches könnte bei einer späteren Auflage ein Kapitel über die Anwendung stabiler Isotope aufgenommen werden. Im Abschnitt über die industrielle Nutzung strahlentechnologischer Verfahren hätte die in der DDR errichtete Großbestrahlungsanlage GASS-500 zur Strahlensterilisierung medizinischer Artikel Erwähnung verdient.

Die zweite Hälfte des Buches ist im wesentlichen der Kernenergetik gewidmet. Es werden Grundprobleme der Kernspaltung, der Spaltungskettenreaktion und ihrer Beherrschung, die wichtigsten Reaktortypen (Druckwasser-, Hochtemperatur und schneller Brutreaktor) und ihr industrieller Einsatz sowie Fragen der Beseitigung radioaktiver Rückstände, des Strahlenschutzes und der nuklearen Sicherheit behandelt. In den letzten beiden Kapiteln werden Aufgaben und Arbeitsergebnisse des Zentralinstituts für Kernforschung Rossendorf der AdW der DDR erläutert und die Aussichten der gesteuerten Kernfusion als Energiequelle der Zukunft kurz dargestellt.

Nach Ansicht des Rezensenten bedarf dieses außerordentlich instruktiv und übersichtlich gestaltete, hervorragend ausgestattete Buch (bei einem Preis von 16,— M!) keiner besonderen Empfehlung. Es wird bald vergriffen sein.

K. Uhlig

Festkörperphysik

H.-U. Harten, H. Nägerl, H.-D. Schulte. Freiburg—Basel—Wien: Verlag Herder 1978. (Reihe „studio visuell") 128 S. mit zahlr. ein- und mehrfarb. Abb. u. Tab.; gebunden DM 26,—

Die Festkörperphysik hat im Laufe der letzten Jahre in der Werkstoffentwicklung einen dominierenden Platz eingenommen. Dementsprechend ist auch die Zahl der Publikationen auf diesem umfangreichen Gebiet sowohl in Form spezieller Abhandlungen als auch mehr oder weniger umfassender Bücher stark angestiegen. In dem vorliegenden Buch, dessen relativ geringer Umfang eine vollständige Abhandlung der Festkörperphysik ausschließt, wird versucht, einige Grundlagen dieses Wissensgebietes so darzulegen, daß die wichtigsten Fakten und Modellvorstellungen vermittelt werden. Neben der Struktur der Festkörper, ihren mechanischen, thermischen und magnetischen Eigenschaften werden ausführlich die Elektrizitätsleitung in Metallen und Halbleitern sowie die physikalischen Grundlagen der Halbleitertechnologie beschrieben.

Den Autoren ist es gelungen, kurz, in verständlichen Sätzen und mit geringem mathematischem Aufwand ein Gebiet zu umreißen, auf dem sich viele Phänomene mit den Vorstellungen der klassischen Physik nicht mehr erfassen lassen.

Eine sehr aufgelockerte Darstellung, übersichtliche Schreibweise, zahlreiche Prinzip- und Modelldarstellungen, Diagramme Skizzen und Photos machen das Lesen dieses Buches zur Freude. Am Rand einer jeden Seite sind in kleinerem Druck u. a. Begriffe kurz erläutert, die im Text der betreffenden Seite auftreten.

J. Holzhey

Fortschritte der Verfahrenstechnik Band 16, Abteilung D, Reaktionstechnik

Hrsg. vom Verein Deutscher Ingenieure, VDI-Gesellschaft Verfahrenstechnik und Chemieingenieurwesen (GVC). Düsseldorf: VDI-Verlag 1978. 143 S., zahlr. Abb., Zeichnungen, Tafeln und Quellenangaben; Gesamtpreis: DM 121,50

Die vom Verein Deutscher Ingenieure herausgegebene Schriftenreihe „Fortschritte der Verfahrenstechnik" ist in 6 Abteilungen untergliedert:

Abteilung A — Grundlagen der Verfahrenstechnik
Abteilung B — Mechanische Verfahrenstechnik
Abteilung C — Thermische Verfahrenstechnik
Abteilung D — Reaktionstechnik
Abteilung E — Planung und Betrieb von Anlagen
Abteilung F — Spezielle Technologien.

Das vorliegende Heft enthält die Abschnitte: Grundlagen der Reaktionsführung — Festbettreaktoren; Elektrochemische Raaktoren mit Gasentwicklung; Elektrothermische Reaktoren und Elektroreduktionsöfen; Blasensäulen-Reaktoren; Wanderbettreaktoren; Düsenreaktoren und Anwendung ionisierender Strahlung.

Unter den sehr weitgefaßten Abschnittstiteln finden sich neben für die jeweiligen Reaktortypen allgemeingültigen theoretischen und praktischen Betrachtungen spezielle Abhandlungen, z. B. über die Hypochlorit- und Chloratelektrolyse, die Alkalichlorid-Elektrolyse, Hydrierungen und Carbonylierungen, Chlorierungen und andere typisch chemische Prozesse. Ebenso werden apparative Einrichtungen und Verfahren zur Abgas- und Abwasserbehandlung besprochen. Einen relativ breiten Raum nehmen die Ausführungen zur Elektroflotation und vor allem über die verschiedensten metallurgischen Schmelzaggregate für die Gewinnung von Roheisen, Stahl, Ferrolegierungen, Aluminium und weiteren NE-Metallen sowie andere Reaktions- und Brennöfen ein.

Im Abschnitt „Anwendung ionisierender Strahlung" werden die seit der letzten Übersicht zu diesem Thema in der gleichen Schriftenreihe aus dem Jahr 1975 erzielten Fortschritte in der Strahlenbehandlung von Schrumpfmaterialien, Beschichtungen und Schaumstoffen sowie der Bestrahlung auf medizinischem und biologischem Gebiet und in der Lebensmitteltechnik knapp dargestellt.

Das Heft gibt den Verfahrenstechnikern vor allem der Chemie und Metallurgie in Forschung und Praxis sowie Projektanten und Konstrukteuren einen sehr guten Überblick über neuere theoretische Erkenntnisse und praktisch interessante Entwicklungen der letzten Jahre.

Ein Nachteil dieses Buches ist es, daß man nach sehr kurzer Benutzung nur noch lose Blätter in den Händen hat.

J. Holzhey

Technik zwischen Macht und Mangel

Hrsg.: F.-J. Schlösser u. P. Teckentrup. Düsseldorf: VDI-Verlag GmbH 1978. VIII, 222 S., 88 Abb.; kart. DM 29,—

„Technik zwischen Macht und Mangel" ist ein Buch, in dem verschiedene Autoren aus unterschiedlicher Sicht Probleme behandeln, die im Zusammenhang mit der Entwicklung und bei der Anwendung der neuesten Technik auftreten und die in weiten Kreisen von Technikern und Nichttechnikern mit mehr oder weniger begründeten Schlußfolgerungen diskutiert werden. Die Autoren versuchen, auf viele der bestehenden Fragen Antwort zu geben.

Die Titel der 8 Abschnitte des Buches: „Das Spektrum der Technik; Großtechnologien — Der Fall Concorde; Ausbreitung und Integration neuer Technologien; Soziale Dimensionen technischen Handelns; Zur beruflichen Situation der Ingenieure; Technik und Öffentlichkeit; Technik und das Schöne" zeigen, daß sich der Stoff weit über die eigentliche Technik und deren unmittelbaren Vorlauf und Auswirkungen hinaus in die soziale Sphäre, auf berufliche Aspekte, das politische Engagement speziell des Technikers bis hin zur Kunst erstreckt.

Als Motiv dieses Buches bezeichnen die Herausgeber „das Unbehagen am gegenwärtigen Zustand der Technik und an einigen Entwicklungen, die sich abzeichnen". Ein größerer Teil der dargelegten Fakten bezieht sich auf die Verhältnisse in der Bundesrepublik Deutschland, und naturgemäß ist ein Teil der Aussagen nicht oder nur bedingt auf das sozialistische Wirtschaftsgebiet übertragbar.

Das Buch sollte in Bibliotheken von Technischen Hochschulen und Universitäten greifbar sein.

J. Holzhey

p-xylene dissolved in tri-n-octylamine nitrate. The influence of the cerium-nitrate and europium-nitrate concentration as well as of the studied complexons on the process of americium, promethium, cerium and europium separation was determined within a vast range (10^{-1} to 10^{-6} m). The concentration intervals providing optimum separation of the elements investigated were determined. Separation is best in the presence of DTPA.

или диэтилентриаминпентауксусную (ДТПА) кислоты. Исследовано влияние концентраций нитратов церия и европия и изученных комплексонов в широкой области (от 10^{-1} до 10^{-6}) М на разделение америция, прометия, церия и европия. Найдены области концентраций оптимального разделения исследованных элементов. Наилучшее разделение достигается в присутствии ДТПА.

Letters to the Editor

G. Kampf

Detection of DNS Radiation Injuries with the Aid of ^{3}H or ^{14}C Labelling and LS Measurement

Isotopenpraxis **15** (1979) No. 12, p. 390 to 392
4 Fig., – Tab., 14 Ref.

From Practice

J. Dubnack, G. Haenold

Application of Neutron Activation Analysis for Industrial Control of the Quality of Semiconductor Materials

Isotopenpraxis **15** (1979) No. 12, p. 392 to 395
2 Fig., 3 Tab., 7 Ref.

K. Thieme, S. Daehner

Coupling Programmable Desk Computer EMG 666 with Multichannel Spectrometer System with Connections Made to Standard Interface 1.2.

Isotopenpraxis **15** (1979) No. 12, p. 395 to 397
2 Fig., – Tab., 3 Ref.

I. Dietze, H. Koepernik, U. Lorenz, M. Schiekel

High-Resolution Si(Li)-HLD Probe for X-Ray Microanalysis

Isotopenpraxis **15** (1979) No. 12, p. 397 to 399
5 Fig., – Tab., – Ref.

Meetings

Isotopenpraxis **15** (1979) No. 12, p. 399 to 400

Information

Isotopenpraxis **15** (1979) No. 12, p. 400 to 403

New Books

Isotopenpraxis **15** (1979) No. 12, p. 403 to 404

Письма в редакцию

Г. Кампф

Обнаружение радиационных повреждений ДНК методом мечения ^{3}H или ^{14}C и измерения ЛС

Isotopenpraxis **15** (1979) вып. 12, стр. 390 до 392
4 рис., – табл., 14 лит.

Из практики

И. Дубнак, Г. Хенольд

Применение метода нейтронного активационного анализа для промышленного контроля качества полупроводниковых материалов

Isotopenpraxis **15** (1979) вып. 12, стр. 392 до 395
2 рис., 3 табл., 7 лит.

К. Тийме, С. Денер

Соединение программируемой настольной счетной машины типа ЭМГ 666 с многоканальной спектрометрической системой по Standard Interface SI 1.2.

Isotopenpraxis **15** (1979) вып. 12, стр. 395 до 397
2 рис., – табл., 3 лит.

И. Дитце, Х. Кеперник, У. Лоренц, М. Шикель

Si(Li)-HLD зонд с высокой разрешающей способностью для рентгеновского микроанализа

Isotopenpraxis **15** (1979) вып. 12, стр. 397 до 399
5 рис., – табл., – лит.

Совещания

Isotopenpraxis **15** (1979) вып. 12, стр. 399 до 400

Новости

Isotopenpraxis **15** (1979) вып. 12, стр. 400 до 403

Новая литература

Isotopenpraxis **15** (1979) вып. 12, стр. 403 до 404

FSC
www.fsc.org
MIX
Papier | Fördert gute Waldnutzung
FSC® C083411

Kolibri 360 GmbH
Ferdinand-Jühlke-Straße 7
99095 Erfurt, Deutschland
produktsicherheit@kolibri360.de